NCS기반 네일아트

저자

홍채은 (동덕여대)

유세은 (여주대학교 뷰티미용과)

김주섭 (상지영서대학교 피부미용과)

참고문헌

- 배신영, 윤미선, 「완전 합격! 미용사(네일) 필기시험문제」, 크라운출판사, 2014
- 유숙희 외 7명, 「네일케어실무」, 현문사, 2012
- 조슬아 외 3명, 「네일아트美학」, 구민사, 2013

머리말

네일 산업은 미용 산업 중 후발주자 격이지만 해마다 급속도로 발전하고 있으며 내일의 밝은 비전을 위해 네일의 기초가 되는 이론과 기술적인 면 모두 정확하게 배울 필요성이 있습니다.

본 교재는 네일 자격증 취득을 목적으로 한 기초적인 이론과 실무를 습득할 수 있도록 구성되어 있으며 또한 NCS를 기반으로 한 현장실무능력에 가깝도록 단계별로 서술한 실전 워크북입니다.

본 교재의 내용으로는 NCS를 기반으로 한 강의 계획서 등 운영지침과 수행평가 지침이 포함되어 있고 이를 수반하는 네일학의 이론과 피부학, 해부학 등 이론 시험을 보기에 적합한 내용이 충분히 기술되었으며, 실무 또한 NCS에서 요구하는 직무능력 향상에 부족함이 없도록 단계별로 만들어져 이 과정을 충실히 이행하면 현장에서 요구하는 실무를 익히기에 부족함이 없도록 구성되었습니다. 또한 네일 자격시험을 보는 학생들을 위한 자격시험 지침서를 첨부하였고 심사를 받을 수 있는 팁을 포함하였습니다.

이 책이 수험생 여러분의 미용사(네일) 자격증 취득을 위한 지침서가 되어 수험생 여러분이 미용사(네일) 국가자격증 취득뿐 아니라 해외에서도 우리나라의 우수한 네일 기술을 전파할 수 있길 간절히 바라며 추후에 다양한 실전 경험과 교육을 바탕으로 한 지식을 바탕으로 보안하기 위하여 노력하겠습니다.

이 책의 출판을 위해 적극적으로 후원해 주신 도서출판 구민사 조규백 대표님과 직원 여러분, 네일샵 이임향 원장님과 오하영 실장님께 깊은 감사를 드립니다.

저자일동

CONTENTS

PART 1 강의 계획

- 강의 계획서 009
- TIP! 네일 실기 시험 시 항목별 체크 사항 030

PART 2 이론

1장 | 네일 미용학 034
2장 | 피부학 054
3장 | 해부생리학 086
4장 | 화장품학 112
5장 | 네일 샵 위생관리 124

PART 3 실기

1장 | 네일 미용개론 138

2장 | 매니큐어 154

3장 | 페디큐어 174

4장 | 네일 팁 180

5장 | 랩 네일 194

6장 | 아크릴 네일 200

7장 | 젤 네일 222

8장 | 인조 손 만들기 246

9장 | 워터마블 250

PART 1

강의 계획

NCS기반

NAIL ART

NCS 기반 강의 계획서

대학 교육목표	인성교육중심대학, 실무교육중심대학, 취업교육중심대학, 지역연계 및 국제화중심대학
학과 교육목표	세분화된 현장성 전공 교육과정을 통한 취업률의 확대 · Y형 인성과 예절을 겸비한 전문적인 뷰티미용전문가 배출 · 현 시대에 적합한 전공별 뷰티트렌드 교육 · 지역사회의 미용 산업 활성화와 소통하는 학과의 교육실시

직무	능력단위/책무(Duty)	능력단위코드
1201010411_16v3 네일 숍 위생 서비스	숍 청결 작업하기 숍 안전관리하기 미용기구 소독하기 손·발 소독하기	1201010411_16v3.1 1201010411_16v3.2 1201010411_16v3.3 1201010411_16v3.4
1201010402_16v3 네일 화장물 제거	일반 네일 폴리시 화장물 제거하기 젤 네일 폴리시 화장물 제거하기 인조네일 화장물 제거하기	1201010402_16v3.1 1201010402_16v3.2 1201010402_16v3.3
1201010413_16v1 네일 화장물 적용 전 처리	일반 네일 폴리시 전 처리하기 일반 네일 폴리시 전 처리하기 인조네일 전 처리하기	1201010413_16v1.1 1201010413_16v1.2 1201010413_16v1.3
1201010414_16v1 네일 화장물 적용 마무리	일반 네일 폴리시 마무리하기 젤 네일 폴리시 마무리하기 인조네일 마무리하기 네일 기본관리 마무리하기	1201010414_16v1.1 1201010414_16v1.2 1201010414_16v1.3 1201010414_16v1.4
1201010415_16v3 네일 기본 관리	프리에지 모양 만들기 큐티클 부분 정리하기 보습제 도포하기	1201010415_16v3.1 1201010415_16v3.2 1201010415_16v3.3

직무	능력단위/책무(Duty)	능력단위코드
1201010416_16v3 네일 컬러링	풀 컬러 도포하기 프렌치 컬러 도포하기 딥프렌치 컬러 도포하기 그러데이션 컬러 도포하기	1201010416_16v3.1 1201010416_16v3.2 1201010416_16v3.3 1201010416_16v3.4
1201010418_16v1 자연 네일 보강	네일랩 화장물로 보강하기 아크릴 화장물로 보강하기 젤 화장물로 보강하기	1201010418_16v1.1 1201010418_16v1.2 1201010418_16v1.3
1201010419_16v3 팁 위드 랩	랩 네일 네일팁 적용하기 네일랩 적용하기 네일 파일 적용하기	1201010419_16v3.1 1201010419_16v3.2 1201010419_16v3.3
1201010420_16v3 팁 위드 아크릴	아크릴 네일 네일팁 적용하기 아크릴 적용하기 네일 파일 적용하기	1201010420_16v3.1 1201010420_16v3.2 1201010420_16v3.3
1201010421_16v3 팁 위드 젤	젤 네일 네일팁 적용하기 네일 젤 적용하기 톱젤 적용하기	1201010421_16v3.1 1201010421_16v3.2 1201010421_16v3.3
1201010405_16v3 랩 네일	랩 재단하기 랩 접착하기 랩 연장하기	1201010405_16v3.1 1201010405_16v3.2 1201010405_16v3.3
1201010406_16v3 젤 네일	젤 네일 화장물 숙련하기 젤 원톤 스컬프처하기 젤 프렌치 스컬프처하기	1201010406_16v3.1 1201010406_16v3.2 1201010406_16v3.3
1201010407_16v3 아크릴 네일	아크릴 네일 화장물 숙련하기 아크릴 원톤 스컬프처하기 아크릴 프렌치 스컬프처하기	1201010407_16v3.1 1201010407_16v3.2 1201010407_16v3.3

교과목명	네일 2급 자격증	이수구분	전공선택	담당교수	
학년/학기		학점	3	시수(이론/실습)	3(1/2)

교과목표 (학습목표)	본 교과목에서는 네일 국가 자격증 취득을 위한 단계로서 현장에서 바로 실습 가능한 전문지식과 실무위주의 기술을 익히고, 뷰티산업에 발맞추어 올바른 미용문화를 주도할 수 있는 전문 미용인의 진로와 자세를 각인시키고 단순한 지식정보를 전달하는 역할만이 아닌 자기주도적인 학습이 가능하도록 이해하기 쉽고 이론에 대한 체계적인 이해와 실제 업무를 습득할 수 있도록 학습한다. 네일 숍 위생 서비스, 네일 화장물 제거, 네일 화장물 적용 전 처리, 네일 화장물 적용 마무리, 네일 기본 관리, 네일 컬러링, 자연 네일 보강, 팁 위드 랩, 팁 위드 아크릴, 팁 위드 젤, 랩 네일, 젤 네일, 아크릴 네일 방법에 대해 학습한다.

교수학습방법	이론 강의	실습	발표	토론	팀프로젝트	캡스톤 디자인	포토폴리오	기타
	○	○					○	○
교육장소(시설)	일반 강의실	전용 실습실	컴퓨터실습실		외부 교육시설	기 타		
		○						
교재 (NCS 학습모듈)	주교재							
	보조교재							
	참고교재							

평가방법

A	B	C	D	E	F	G	H	I	J	K	L	M
○						○					○	

A. 포트폴리오 B. 문제해결 시나리오 C. 서술형시험 D. 논술형시험 E. 사례연구
F. 평가자 질문 G. 평가자 체크리스트 H. 피평가자 체크리스트 I. 일지/저널 J. 역할연기
K. 구두발표 L. 작업장평가 M. 기타

※ 세부내용은 평가계획서에 기술됨.

1201010406_16v3_젤 네일

능력단위 정의	네일 연장을 통한 고객의 네일 보호와 미적 요구 충족을 위하여 네일 위에 전 처리 후 폼과 젤을적용하여 마무리할 수 있는 능력이다.

능력단위요소	수행준거	지식/기술/태도
1201010406_16v3.1 젤 네일 화장물 숙련하기	1.1 시술 매뉴얼에 따라 시술에 적합한 네일 길이 및 모양을 만들 수 있다. 1.2 네일 상태에 따라 표면정리를 통하여 제품의 밀착력을 높일 수 있다. 1.3 시술 매뉴얼에 따라 네일과 네일 주변의 각질 · 거스러미를 정리할 수 있다. 1.4 시술 매뉴얼에 따라 접착력을 높이기 위하여 전 처리제를 도포할 수 있다.	[지식] 시술 매뉴얼에 대한 이해 네일의 구조 네일의 특성에 대한 이해 파일의 용도별 사용법 네일 프리엣지 형태에 대한 이해 더스트 브러시의 바른 사용법 전 처리제의 성분에 대한 이해 [기술] 파일의 용도별 사용 능력 네일표면 정리 능력 네일 길이 조각 능력 더스트 브러시의 사용 능력 전 처리제의 사용 능력 [태도] 정확하고 바른 파일링 자세 제품의 안전한 사용을 위한 노력
1201010406_16v3.2 젤 원톤 스컬프처하기	2.1 시술 매뉴얼에 따라 네일과 폼 사이에 틈이 없도록 폼을 끼워 줄 수 있다. 2.2 고객의 손 상태에 따라 손 전체의 균형과 방향을 고려하여 폼을 끼울 수 있다. 2.3 시술 매뉴얼에 따라 수평이 되도록 정확하게 폼을 끼울 수 있다. 2.4 조형된 인조 네일의 손상 없이 네일 폼을 제거할 수 있다.	[지식] 시술 매뉴얼에 대한 이해 네일의 구조 네일 폼 적용 방법 [기술] 네일 폼 적용 능력 네일 폼 제거능력 [태도] 정확하고 바른 네일 폼 적용 노력 고객에게 불편함을 주지 않기 위한 노력

1201010406_16v3.3 젤 프렌치 스컬프처하기	3.1 제품 설명서에 따라 젤 제품 전체의 사용법을 파악할 수 있다. 3.2 제품 사용법에 따라 젤 시술을 수행할 수 있다 3.3 고객의 손톱 상태에 따라서 젤 시술 방법을 선택할 수 있다. 3.4 고객의 요청에 따라 네일 위에 보강하기나 원톤 스캅춰, 프렌치 스캅춰, 디자인 스캅춰를 시술할 수 있다. 3.5 시술 매뉴얼에 따라 젤을 적절하게 적용할 수 있다. 3.6 시술 매뉴얼에 따라 정확한 각도와 방법으로 젤 브러시를 사용할 수 있다. 3.7 고객의 네일 형태에 따라 인조 네일의 모양을 보정할 수 있다. 3.8 젤 램프 기기를 이용하여 인조 네일을 경화할 수 있다.	[지식] 시술 매뉴얼에 대한 이해 젤의 특성에 대한 지식 젤 전용브러시 사용 방법 네일의 구조 젤 램프 기기 사용 방법 [기술] 젤 램프 기기 사용 능력 젤 브러쉬 사용 능력 스캅춰 시술 능력 젤 적용 능력 인조 네일의 보정 능력 네일 경화능력 [태도] 브러시를 정확하고 바르게 적용하려는 노력 제품의 안전한 사용을 위한 노력 고객에게 불편함을 주지 않기 위한 노력

주차별 학습 내용

주차	직무	수업내용	비 고
1	1201010411_16v3 네일 숍 위생 서비스	숍 청결 작업하기, 숍 안전관리하기, 미용기구 소독하기, 손 · 발 소독하기	빔 프로젝트 –이론수업
2	1201010402_16v3 네일 화장물 제거	일반 네일 폴리시 화장물 제거하기 젤 네일 폴리시 화장물 제거하기 인조네일 화장물 제거하기	빔 프로젝트 –이론, 실무 수업
3	1201010413_16v1 네일 화장물 적용 전 처리	일반 네일 폴리시 전 처리하기 일반 네일 폴리시 전 처리하기 인조네일 전 처리하기	빔 프로젝트 –이론, 실무수업
4	1201010414_16v1 네일 화장물 적용 마무리	일반 네일 폴리시 마무리하기, 젤 네일 폴리시 마무리하기, 인조네일 마무리하기, 네일 기본관리 마무리하기	빔 프로젝트 –이론, 실무수업
5	1201010415_16v3 네일 기본 관리	프리에지 모양 만들기, 큐티클 부분 정리하기, 보습제 도포하기	빔 프로젝트 –이론, 실무수업
6	1201010416_16v3 네일 컬러링	풀 컬러 도포하기, 프렌치 컬러 도포하기, 딥프렌치 컬러 도포하기, 그러데이션 컬러 도포하기	빔 프로젝트 –이론, 실무수업
7	1201010418_16v1 자연 네일 보강	네일랩 화장물로 보강하기, 아크릴 화장물로 보강하기, 젤 화장물로 보강하기	빔 프로젝트 –이론, 실무수업
8	실기평가	실기평가	실기평가

9	1201010419_16v3 팁 위드 랩	랩 네일 네일팁 적용하기, 네일랩 적용하기, 네일 파일 적용하기	빔 프로젝트 –이론, 실무수업
10	1201010420_16v3 팁 위드 아크릴	아크릴 네일 네일팁 적용하기, 아크릴 적용하기, 네일 파일 적용하기	빔 프로젝트 –이론, 실무수업
11	1201010421_16v3 팁 위드 젤	젤 네일 네일팁 적용하기, 네일 젤 적용하기, 톱젤 적용하기	빔 프로젝트 –이론, 실무수업
12	1201010405_16v3 랩 네일	랩 재단하기, 랩 접착하기, 랩 연장하기	빔 프로젝트 –이론, 실무수업
13	1201010406_16v3 젤 네일	젤 네일 화장물 숙련하기, 젤 원톤 스컬프처하기, 젤 프렌치 스컬프처하기	빔 프로젝트 –이론, 실무수업
14	1201010407_16v3 아크릴 네일	아크릴 네일 화장물 숙련하기, 아크릴 원톤 스컬프처하기, 아크릴 프렌치 스컬프처하기	빔 프로젝트 –이론, 실무수업
15	실기평가	실기평가	실기평가
16	종합평가	마무리 종합평가	

평가 계획서

교과목명	네일 2급 자격증	담당교수	
관련 직무명	네일 아티스트	능력단위명 (능력단위코드)	

평가개요	구 분	배 점	평가개요
	진단평가	–	수업진행에 앞서 개인의 기본 직무능력을 자가 진단함
	출석평가	20%	세 번 지각 한번 결석 처리
	직무능력평가1	20%	젤 네일 화장물 숙련 평가
	직무능력평가2	30%	젤 원톤 스컬프처를 할 수 있는 기술을 평가
	직무능력평가3	30%	젤 프렌치 스컬프처를 할 수 있는 기술을 평가

평가항목	평가내용 및 방법
진단평가	평가내용 : NCS능력단위요소에 근거하여 다음 항목을 자가 진단 한다. 평가시기 : 능력단위학습 전에 평가 영역별 평가내용

평가영역	문 항	자가진단		
		우수	보통	미흡
젤 네일 화장물 숙련하기	1.1 시술 매뉴얼에 따라 시술에 적합한 네일 길이 및 모양을 만들 수 있다.			
	1.2 네일 상태에 따라 표면정리를 통하여 제품의 밀착력을 높일 수 있다.			
	1.3 시술 매뉴얼에 따라 네일과 네일 주변의 각질 · 거스러미를 정리할 수 있다.			
	1.4 시술 매뉴얼에 따라 접착력을 높이기 위하여 전처리제를 도포할 수 있다.			

	평가영역	문 항	자가진단		
			우수	보통	미흡
진단평가	젤 원톤 스컬프처 하기	2.1 시술 매뉴얼에 따라 네일과 폼 사이에 틈이 없도록 폼을 끼워 줄 수 있다.			
		2.2 고객의 손 상태에 따라 손 전체의 균형과 방향을 고려하여 폼을 끼울 수 있다.			
		2.3 시술 매뉴얼에 따라 수평이 되도록 정확하게 폼을 끼울 수 있다.			
		2.4 조형된 인조 네일의 손상 없이 네일 폼을 제거할 수 있다.			
	젤 프렌치 스컬프처 하기	3.1 제품 설명서에 따라 젤 제품 전체의 사용법을 파악할 수 있다.			
		3.2 제품 사용법에 따라 젤 시술을 수행할 수 있다.			
		3.3 고객의 손톱 상태에 따라서 젤 시술 방법을 선택할 수 있다.			
		3.4 고객의 요청에 따라 네일 위에 보강하기나 원톤 스캅춰, 프렌치 스캅춰, 디자인 스캅춰를 시술할 수 있다.			
		3.5 시술 매뉴얼에 따라 젤을 적절하게 적용할 수 있다.			
		3.6 시술 매뉴얼에 따라 정확한 각도와 방법으로 젤 브러시를 사용할 수 있다.			
		3.7 고객의 네일 형태에 따라 인조 네일의 모양을 보정할 수 있다.			
		3.8 젤 램프 기기를 이용하여 인조 네일을 경화할 수 있다.			

평가방법 : 피 평가자 체크(H)

평가 시 고려사항 : 수업 전에 진행사항이므로 성적에 반영되지 않음

평가결과 활용계획 : 학생의 향상도 평가를 하기위한 참고자료로 활용됨

<table>
<tr><th>출석평가</th><th>대학의 출석 관련 규정 및 지침에 따름</th></tr>
<tr><td>젤 네일 화장물
숙련하기
1201010406_16v3.1</td><td>관련 능력단위요소: 젤 네일 화장물 숙련하기
평가내용: 젤 네일 화장물 숙련하기의 수행준거에 따른 지식 기술 태도 도구를 근거로 평가
평가시기:
세부평가내용:
<table>
<tr><th rowspan="2">평가내용</th><th colspan="2">평가</th></tr>
<tr><th>예</th><th>아니오</th></tr>
<tr><td>1.1 시술 매뉴얼에 따라 시술에 적합한 네일 길이 및 모양을 만들 수 있다.</td><td></td><td></td></tr>
<tr><td>1.2 네일 상태에 따라 표면정리를 통하여 제품의 밀착력을 높일 수 있다.</td><td></td><td></td></tr>
<tr><td>1.3 시술 매뉴얼에 따라 네일과 네일 주변의 각질 · 거스러미를 정리할 수 있다.</td><td></td><td></td></tr>
<tr><td>1.4 시술 매뉴얼에 따라 접착력을 높이기 위하여 전 처리제를 도포할 수 있다.</td><td></td><td></td></tr>
</table>
평가방법: 평가자, 평가
평가 시 고려사항: 수행준거에 따른 지식 기술 태도 도구를 근거로 평가</td></tr>
<tr><td>젤 원톤
스컬프처
하기
1201010406_16v3.2</td><td>관련 능력단위요소: 젤 원톤 스컬프처 하기
평가내용: 젤 원톤 스컬프처 하기의 수행준거에 따른 지식 기술 태도 도구를 근거로 평가
평가시기:
세부평가내용:
<table>
<tr><th rowspan="2">평가내용</th><th colspan="2">평가</th></tr>
<tr><th>예</th><th>아니오</th></tr>
<tr><td>2.1 시술 매뉴얼에 따라 네일과 폼 사이에 틈이 없도록 폼을 끼워 줄 수 있다.</td><td></td><td></td></tr>
<tr><td>2.2 고객의 손 상태에 따라 손 전체의 균형과 방향을 고려하여 폼을 끼울 수 있다.</td><td></td><td></td></tr>
<tr><td>2.3 시술 매뉴얼에 따라 수평이 되도록 정확하게 폼을 끼울 수 있다.</td><td></td><td></td></tr>
<tr><td>2.4 조형된 인조 네일의 손상 없이 네일 폼을 제거할 수 있다.</td><td></td><td></td></tr>
</table>
평가방법: 평가자, 평가
평가 시 고려사항: 수행준거에 따른 지식 기술 태도 도구를 근거로 평가</td></tr>
</table>

<table>
<tr>
<td>젤 프렌치 스컬프처
하기
1201010406_16v3.3</td>
<td>
관련 능력단위요소 : 젤 프렌치 스컬프처 하기
평가내용 : 젤 프렌치 스컬프처 하기의 수행준거에 따른 지식 기술 태도 도구를 근거로 평가
평가시기 :
세부평가내용:
<table>
<tr><th rowspan="2">평가내용</th><th colspan="2">평가</th></tr>
<tr><th>예</th><th>아니오</th></tr>
<tr><td>3.1 제품 설명서에 따라 젤 제품 전체의 사용법을 파악할 수 있다.</td><td></td><td></td></tr>
<tr><td>3.2 제품 사용법에 따라 젤 시술을 수행할 수 있다.</td><td></td><td></td></tr>
<tr><td>3.3 고객의 손톱 상태에 따라서 젤 시술 방법을 선택할 수 있다.</td><td></td><td></td></tr>
<tr><td>3.4 고객의 요청에 따라 네일 위에 보강하기나 원톤 스캅춰, 프렌치 스캅춰, 디자인 스캅춰를 시술할 수 있다.</td><td></td><td></td></tr>
<tr><td>3.5 시술 매뉴얼에 따라 젤을 적절하게 적용할 수 있다.</td><td></td><td></td></tr>
<tr><td>3.6 시술 매뉴얼에 따라 정확한 각도와 방법으로 젤 브러시를 사용할 수 있다.</td><td></td><td></td></tr>
<tr><td>3.7 고객의 네일 형태에 따라 인조 네일의 모양을 보정할 수 있다.</td><td></td><td></td></tr>
<tr><td>3.8 젤 램프 기기를 이용하여 인조 네일을 경화할 수 있다.</td><td></td><td></td></tr>
</table>
평가방법: 평가자, 평가
평가시 고려사항 수행준거에 따른 지식 기술 태도 도구를 근거로 평가
</td>
</tr>
<tr>
<td>향상 / 심화계획</td>
<td>평가점수가 30점 미만인 성취수준 미달자는 향상 교육을 실시한 후 재평가</td>
</tr>
</table>

교과목 명세서

교과목명	네일 국가 자격증	능력단위명(능력단위코드)	
직무명	네일 아티스트	NCS학습모듈	
이수구분	학점이수	이수시간/학점	3/3
교육목표	본 교과목에서는 네일 국가 자격증 취득을 위한 단계로서 현장에서 바로 실습 가능한 전문지식과 실무위주의 기술을 익히고, 뷰티산업에 발맞추어 올바른 미용문화를 주도할 수 있는 전문 미용인의 진로와 자세를 각인시키고 단순한 지식정보를 전달하는 역할만이 아닌 자기주도적인 학습이 가능하도록 이해하기 쉽고 이론에 대한 체계적인 이해와 실제 업무를 습득할 수 있도록 학습한다.		
교육내용	네일 숍 위생 서비스, 네일 화장물 제거, 네일 화장물 적용 전 처리, 네일 화장물 적용 마무리, 네일 기본 관리, 네일 컬러링, 자연 네일 보강, 팁 위드 랩, 팁 위드 아크릴, 팁 위드 젤, 랩 네일, 젤 네일, 아크릴 네일 방법에 대해 학습한다. 또한 네일 아티스트의 데뷔기간을 단축시킬 수 있는 합리적인 새로운 공부법으로 응용력을 넓히는 다양한 디자인 기법을 제안하고 응용력을 습득하여 고객의 다양한 니즈에 대응하는 다양한 네일아트를 할 수 있는 것을 목표로 한다.		
교수학습방법	(see below)		

교수학습방법:

A	B	C	D	E	F	G	H	I	J	K	L	M
O	O					O				O		

A. 이론강의 B. 실습 C. 발표 D. 토론 E. 팀프로젝트 F. 캡스톤디자인
G. 포트폴리오(학습자/교수자) H. 기타

	능력단위요소명	수행준거	NCS적용여부
관련 NCS	젤 네일 화장물 숙련하기	1.1 시술 매뉴얼에 따라 시술에 적합한 네일 길 이 및 모양을 만들 수 있다. 1.2 네일 상태에 따라 표면정리를 통하여 제품의 밀착력을 높일 수 있다. 1.3 시술 매뉴얼에 따라 네일과 네일 주변의 각질 · 거스러미를 정리할 수 있다. 1.4 시술 매뉴얼에 따라 접착력을 높이기 위하여 전 처리제를 도포할 수 있다.	NCS적용
	젤 원톤 스컬프처하기	2.1 시술 매뉴얼에 따라 네일과 폼 사이에 틈이 없도록 폼을 끼워 줄 수 있다. 2.2 고객의 손 상태에 따라 손 전체의 균형과 방향을 고려하여 폼을 끼울 수 있다. 2.3 시술 매뉴얼에 따라 수평이 되도록 정확하게 폼을 끼울 수 있다. 2.4 조형된 인조 네일의 손상 없이 네일 폼을 제거할 수 있다.	NCS적용
	젤 프렌치 스컬프처하기	3.1 제품 설명서에 따라 젤 제품 전체의 사용법을 파악할 수 있다. 3.2 제품 사용법에 따라 젤 시술을 수행할 수 있다 3.3 고객의 손톱 상태에 따라서 젤 시술 방법을 선택할 수 있다. 3.4 고객의 요청에 따라 네일 위에 보강하기나 원톤 스캅춰, 프렌치 스캅춰, 디자인 스캅춰를 시술할 수 있다. 3.5 시술 매뉴얼에 따라 젤을 적절하게 적용할 수 있다. 3.6 시술 매뉴얼에 따라 정확한 각도와 방법으로 젤 브러시를 사용할 수 있다. 3.7 고객의 네일 형태에 따라 인조 네일의 모양을 보정할 수 있다. 3.8 젤 램프 기기를 이용하여 인조 네일을 경화할 수 있다.	NCS적용

	능력단위요소명	지식/기술/태도
지식/ 기술/ 태도	젤 네일 화장물 숙련하기	[지식] 시술 매뉴얼에 대한 이해 네일의 구조 네일의 특성에 대한 이해 파일의 용도별 사용법 네일 프리엣지 형태에 대한 이해 더스트 브러시의 바른 사용법 전 처리제의 성분에 대한 이해 [기술] 파일의 용도별 사용 능력 네일표면 정리 능력 네일 길이 조각 능력 더스트 브러시의 사용 능력 전 처리제의 사용 능력 [태도] 정확하고 바른 파일링 자세 제품의 안전한 사용을 위한 노력
	젤 원톤 스컬프처하기	[지식] 시술 매뉴얼에 대한 이해 네일의 구조 네일 폼 적용 방법 [기술] 네일 폼 적용 능력 네일 폼 제거능력 [태도] 정확하고 바른 네일 폼 적용 노력 고객에게 불편함을 주지 않기 위한 노력

	젤 프렌치 스컬프처하기	[지식] 시술 매뉴얼에 대한 이해 젤의 특성에 대한 지식 젤 전용브러시 사용 방법 네일의 구조 젤 램프 기기 사용 방법 [기술] 젤 램프 기기 사용 능력 젤 브러쉬 사용 능력 스캅춰 시술 능력 젤 적용 능력 인조 네일의 보정 능력 네일 경화능력 [태도] 브러시를 정확하고 바르게 적용하려는 노력 제품의 안전한 사용을 위한 노력 고객에게 불편함을 주지 않기 위한 노력

장비 및 도구	능력단위 활용	미 활용

평가방법

A	B	C	D	E	F	G	H	I	J	K	L	M
O						O					O	O

A. 포트폴리오 B. 문제해결 시나리오 C. 서술형시험 D. 논술형시험 E. 사례연구 F. 평가자 질문 G. 평가자 체크리스트 H. 피평가자 체크리스트 I. 일지/저널 J. 역할연기 K. 구두발표 L. 작업장평가 M. 기타

교육정보	

학습 형태별 소요시간	강의	실습	평가	개별지도	개인학습	합 계
	0.5	1	0.5	0.5	0.5	3

평가 계획서

교과목명	네일 2급 자격증	담당교수	
직무(JOB)	네일 아티스트	하위능력	젤 네일 화장물 숙련하기
			젤 원톤 스컬프처 하기
			젤 프렌치 스컬프처 하기

평가개요	구 분	배 점	평가개요
	진단평가	–	수업진행에 앞서 개인의 기본 직무능력을 자가 진단함
	출석평가	20%	세 번 지각 한번 결석 처리
	직무능력평가1	20%	젤 네일 화장물 숙련 평가
	직무능력평가2	30%	젤 원톤 스컬프처를 할 수 있는 기술을 평가
	직무능력평가3	30%	젤 프렌치 스컬프처를 할 수 있는 기술을 평가

평가항목	평가내용 및 방법
진단평가	평가지를 통한 학습자 자가진단
출석평가	출석 여부 확인(지각, 결석)
직무능력 평가 1	평가내용(관련 수행준거, K/S/A/T 등), 평가방법
직무능력 평가 2	평가내용(관련 수행준거, K/S/A/T 등), 평가방법
직무능력 평가 3	평가내용(관련 수행준거, K/S/A/T 등), 평가방법
향상심화 계획	젤 네일 화장물 숙련, 젤 원톤 스컬프처, 젤 프렌치 스컬프처 등 수업을 통한 기술향상을 할 수 있다.

진단 평가서

담당교수		교과목명	네일 국가 자격증
학번		영역	젤 네일 화장물 숙련하기
이름			젤 원톤 스컬프처 하기
평가일자			젤 프렌치 스컬프처 하기

하위능력	진단문항	자가진단		
		우수	보통	미흡
젤 네일 화장물 숙련하기	1.1 시술 매뉴얼에 따라 시술에 적합한 네일 길이 및 모양을 만들 수 있다.			
	1.2 네일 상태에 따라 표면정리를 통하여 제품의 밀착력을 높일 수 있다.			
	1.3 시술 매뉴얼에 따라 네일과 네일 주변의 각질·거스러미를 정리할 수 있다.			
	1.4 시술 매뉴얼에 따라 접착력을 높이기 위하여 전 처리제를 도포할 수 있다.			
젤 원톤 스컬프처 하기	2.1 시술 매뉴얼에 따라 네일과 폼 사이에 틈이 없도록 폼을 끼워 줄 수 있다.			
	2.2 고객의 손 상태에 따라 손 전체의 균형과 방향을 고려하여 폼을 끼울 수 있다.			
	2.3 시술 매뉴얼에 따라 수평이 되도록 정확하게 폼을 끼울 수 있다.			
	2.4 조형된 인조 네일의 손상 없이 네일 폼을 제거할 수 있다.			
젤 프렌치 스컬프처하기	3.1 제품 설명서에 따라 젤 제품 전체의 사용법을 파악할 수 있다.			
	3.2 고객의 손 상태에 따라 손 전체의 균형과 방향을 고려하여 폼을 끼울 수 있다.			
	3.3 고객의 손톱 상태에 따라서 젤 시술 방법을 선택할 수 있다.			
	3.4 고객의 요청에 따라 네일 위에 보강하기나 원톤 스캅춰, 프렌치 스캅춰, 디자인 스캅춰를 시술할 수 있다.			
	3.5 시술 매뉴얼에 따라 젤을 적절하게 적용할 수 있다.			
	3.6 시술 매뉴얼에 따라 정확한 각도와 방법으로 젤 브러시를 사용할 수 있다.			
	3.7 고객의 네일 형태에 따라 인조 네일의 모양을 보정할 수 있다.			
	3.8 젤 램프 기기를 이용하여 인조 네일을 경화할 수 있다.			

[진단결과]

능력단위요소	문항 수	합계점수	평균점수
젤 네일 화장물 숙련하기	4		
젤젤 원톤 스컬프처 하기	4		
젤 프렌치 스컬프처 하기	4		

※ 우수는 3점, 보통은 2점, 미흡은 1점으로 계산

직무능력 평가서

담당교수		교과목명	네일 국가 자격증
학번		능력단위명 (능력단위코드)	
이름			
평가일자			

하위능력	평가내용(수행준거)	평가구분		판정	
		과정평가	결과평가	Y	N
젤 네일 화장물 숙련하기	1.1 시술 매뉴얼에 따라 시술에 적합한 네일 길이 및 모양을 만들 수 있다.				
	1.2 네일 상태에 따라 표면정리를 통하여 제품의 밀착력을 높일 수 있다.				
	1.3 시술 매뉴얼에 따라 네일과 네일 주변의 각질 · 거스러미를 정리할 수 있다.				
	1.4 시술 매뉴얼에 따라 접착력을 높이기 위하여 전 처리제를 도포할 수 있다.				
젤 원톤 스컬프처 하기	2.1 시술 매뉴얼에 따라 네일과 폼 사이에 틈이 없도록 폼을 끼워 줄 수 있다.				
	2.2 고객의 손 상태에 따라 손 전체의 균형과 방향을 고려하여 폼을 끼울 수 있다.				
	2.3 시술 매뉴얼에 따라 수평이 되도록 정확하게 폼을 끼울 수 있다.				
	2.4 조형된 인조 네일의 손상 없이 네일 폼을 제거할 수 있다.				
젤 프렌치 스컬프처 하기	3.1 제품 설명서에 따라 젤 제품 전체의 사용법을 파악할 수 있다.				
	3.2 제품 사용법에 따라 젤 시술을 수행할 수 있다.				
	3.3 고객의 손톱 상태에 따라서 젤 시술 방법을 선택할 수 있다.				
	3.4 고객의 요청에 따라 네일 위에 보강하기나 원톤 스캅춰, 프렌치 스캅춰, 디자인 스캅춰를 시술할 수 있다.				
	3.5 시술 매뉴얼에 따라 젤을 적절하게 적용할 수 있다.				
	3.6 시술 매뉴얼에 따라 정확한 각도와 방법으로 젤 브러시를 사용할 수 있다.				
	3.7 고객의 네일 형태에 따라 인조 네일의 모양을 보정할 수 있다.				
	3.8 젤 램프 기기를 이용하여 인조 네일을 경화할 수 있다.				

소 계		
하위능력	평가내용(K/S/A/T 포함 자율평가)	평가점수
젤 네일 화장물 숙련하기		
젤 원톤 스컬프처 하기		
젤 프렌치 스컬프처 하기		
합계		환산점수

평가 결과서

담당교수		교과목명	네일 국가 자격증
학번		영역	
이름			
평가일자			

종합 평가 점수	구 분	배점	점 수	환산점수	비 고
	출석평가				
	직무능력평가 1차				
	직무능력평가 2차				
	직무능력평가 3차				
	재평가 가점				향상교육 이후
	합 계	100%			

성취수준 판정

판정결과	성취수준		성취결과	
종합의견				

판정기준	성취수준	수행정도	평가점수(예시)
	5	해당 지식과 기술을 대부분 습득하여 직무수행에 필요한 기술적 사고력과 문제 해결력을 토대로 주도적으로 완벽한 작업을 수행할 수 있다.	90~100
	4	해당 지식과 기술을 대부분 습득하여 직무수행에 필요한 기술적 사고력과 문제 해결력을 토대로 작업을 수행할 수 있다.	80~90
	3	해당 지식과 기술을 대부분 습득하여 직무수행에 필요한 지식과 기술을 가지고 대부분의 작업을 수행할 수 있다.	70~79
	2	해당 지식과 기술을 부분적으로 습득하여 직무수행에 필요한 지식과 기술을 가지고 타인과 공동으로 작업을 수행할 수 있다.	60~69
	1	해당 지식과 기술을 습득하는데 부족함이 있어 타인의 도움을 받아야만 작업을 수행할 수 있다.	59 이하

TIP! 네일 실기 시험 시 항목별 체크 사항

과제 유형	제 1과제 (60분)		제 2과제 (35분)	제 3과제 (40분)	제 4과제 (15분)
체크 항목	매니큐어	페디큐어	젤 매니큐어	인조네일	인조네일 제거
	① 기본 준비 및 위생	① 기본 준비 및 위생	① 기본 준비 및 위생	① 기본 준비 및 위생	① 기본 준비 및 위생
	② 숙련도 및 시술 순서	② 숙련도 및 시술 순서	② 숙련도 및 시술 순서	② 숙련도 및 시술 순서	② 숙련도 및 시술 순서
	③ 기법의 정확도	③ 기법의 정확도	③ 기법의 정확도	③ 기법의 정확도	③ 전체적 조화
	④ 부위별 완성상태	④ 부위별 완성상태	④ 부위별 완성상태	④ 부위별 완성상태	④ 작업 시 출혈
	⑤ 전체적인 조화	⑤ 전체적인 조화	⑤ 전체적인 조화	⑤ 전체적인 조화	⑤ 눈금 등 표시 재료 및 기구사용
	⑥ 복장 등 미흡 및 미착용		⑥ 작업 시 출혈의 유무	⑥ 작업 시 출혈의 유무	
	⑦ 작업 시 출혈의 유무		⑦ 표시 재료 및 기구 사용	⑦ 표시 재료 및 기구 사용	
	⑧ 표시 재료 및 기구 사용				
배점	20점	20점	20점	30점	10점

MEMO

PART 2

이 론

CHAPTER

01

네일 미용학

Section. 1

네일 미용의 정의

네일은 매니큐어와 페디큐어를 총칭하는 명칭으로 고대에서는 '손을 치료한다' 는 의미였었으나 현대에서는 손을 '아름답게 관리하다' 라는 의미로서 재해석되고 있다.

매니큐어의 어원은 라틴어에서 유래되어 손을 의미하는 '마누스(Manus)' 와 관리를 의미하는 '큐라(Cura)'에서 전래되었다.

Section. 2

네일 미용의 역사

네일의 역사는 현재까지 5,000년에 걸쳐 변화되어 왔으며 최초의 네일 관리는 B.C 3000년경에 이집트와 중국의 상류층에서 시작된 것으로 전해진다.

고대 이집트에서는 왕과 왕비의 손톱에 헤나(붉은색, 오렌지색)를 칠하였으며 신분이 낮은 사람들은 옅은 색을 입혔다. 또한, 전쟁에 나가는 군인들의 손톱에 색조를 넣었다.

중국에서는 입술연지를 만드는 '홍화'를 손톱에 입혔으며 이는 '조홍'이라 하였고, 오늘날 에나멜의 기원이라고 할 수 있다.

Section. 3

한국 현대의 네일 미용

- **1988년** | 최초 살롱 개원(서울 이태원에 위치했던 '그리피스')
- **1996년** | 백화점 전문네일코너 입점(서울 압구정동 위치), 숍인숍 네일코너(미용실 또는 피부 관리실 내에 위치), 쎄씨네일, 헐리우드 네일 개원, 전문아카데미 개원, 한국 네일협회 설립
- **1998년** | 미용 관련 대학에서 네일 교과목 개설, 네일아트 민간 자격시험제도 도입
- **1999년** | 한국 네일리스트 협회 창립
- **2001년** | 한국네일협회 출범
- **2002년** | 한국네일학회 발족, 네일 산업 호황기
- **2004년** | 한국프로네일협회 발족
- **2005년** | 대한네일협회 발족
- **2014년** | 미용사(네일) 국가 자격증 필기 첫 시험

Section. 4

네일의 구조와 이해

1. 네일의 구조

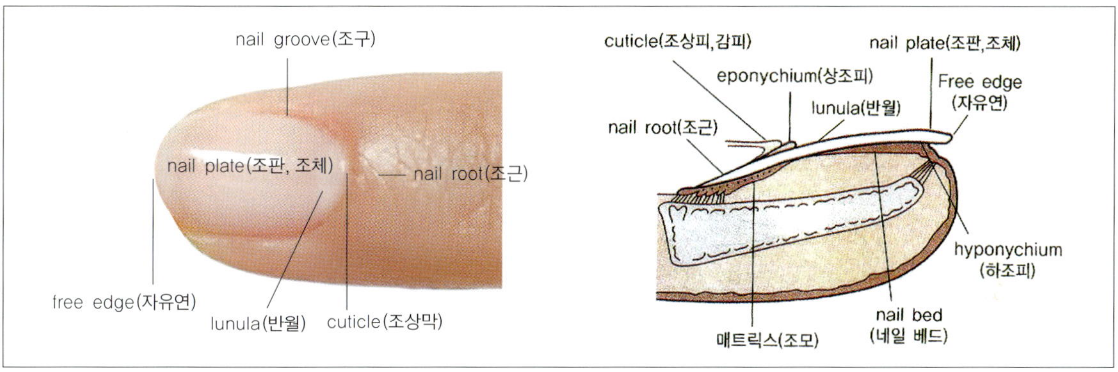

| 손톱의 구조 |

(1) 조체(네일 바디, Nail Body) = 조판(네일 플레이트, Nail Plate)

① 손톱의 몸체 부분

② 죽은 각질 세포로 되어 있어 신경이나 혈관이 없음

③ 아랫부분은 약하며 위로 갈수록 튼튼함

(2) 조근(네일 루트, Nail Root)

① 손톱의 아래 부분에 묻혀 있는 얇고 부드러운 부분

② 새로운 세포가 만들어져 손톱의 성장이 시작되는 곳

(3) 자유연(프리에지, Free Edge)

① 손톱의 끝부분

(4) 조상(네일 베드, Nail Bed)

① 손 네일 바디를 받치고 있는 밑 부분

② 혈관과 신경이 분포하고 있으며 네일의 신진대사와 수분 공급

(5) 조모(네일 매트릭스, Nail Matrix)

① 손 네일 루트 밑에 위치하여 각질세포의 생산과 성장을 조절

② 혈관 및 신경 분포

(6) 반월(루놀라, Lunula)

① 손 반달 모양의 손톱 아래 부분

2. 손톱 주위의 피부

(1) 큐티클(조소피)

① 손톱 주위를 덮고 있는 피부

② 손톱 각질세포의 생산 및 성장 조절에 관여

③ **구성** : 혈관, 신경, 림프관

(2) 네일 폴드(조주름, 네일 맨틀)

① 네일 루트가 묻혀있는 네일의 베이스에 피부가 깊게 접혀 있는 부분

(3) 네일 그루브(조구)

① 네일 베드의 양 측면에 좁게 패인 부분

(4) 네일 월(조벽)

① 네일 그루브 위에 있는 네일의 양쪽 피부

(5) 이포니키움(상조피)

① 표피의 연장으로 네일의 베이스에 있는 피부의 가는 선으로 루놀라의 일부를 덮고 있음

(6) 페리오니키움(조상연)

① 네일 전체를 에워싼 피부의 가장자리 부분

(7) 하이포니키움(하조피)

① 프리에지 밑 부분의 피부

3. 네일의 특성과 형태

(1) 용어 정의

① **매니큐어** : 손과 발톱을 건강하고 아름답게 가꾸는 미용 기술

② **페디큐어** : 발과 발톱을 건강하고 아름답게 가꾸는 미용 관리

(2) 네일의 기능

① 손가락 및 발가락의 끝부분을 보호하는 기능

② 작고 가느다란 물건을 집어 올릴 때 사용

③ 벽이나 바닥에 붙은 스티커 등을 떼어낼 때 사용

④ 몸의 가려운 부분을 긁을 때 사용

⑤ 몸의 건강 상태를 확인할 때 사용

⑥ 미용상의 기능

(3) 손톱의 형성 과정

임신기간에 빨리 성장한다.

① **임신 8~9주경** : 손톱의 태동

② **임신 10주** : 손가락 끝에 손톱이 형성되어 자라기 시작

③ **임신 12~13주** : 손톱의 성장 부위 완성

④ **임신 14주** : 손톱이 자라는 모습 확인 가능

⑤ **임신 17~20주** : 손톱이 완전히 자라는 시기

(4) 손톱의 성장

① **성장 속도** : 하루에 0.14~0.4mm

② 손톱이 완전히 자라서 대체되는 기간: 5~6개월

③ 10~14세에 가장 빨리 성장, 20세 이후 저하

④ 성장 속도가 가장 빠른 계절: 여름

⑤ 손가락마다 성장 속도가 다름

⑥ 손가락을 많이 움직일수록 빨리 성장

(5) 건강한 네일의 조건

① 반투명의 분홍색을 띠며 윤택이 있을 것

② 둥근 모양의 아치형일 것

③ 갈라짐이 없을 것

④ 네일 바디가 네일 베드에 강하게 부착되어 있을 것

⑤ 둥근 아치 모양일 것

⑥ 단단하고 탄력이 있을 것

⑦ 5~18%의 수분을 함유하고 있을 것

⑧ 세균에 감염되지 않을 것

(6) 네일의 형태

① 손톱의 형태

	스퀘어(사각네일) Square nail	강한 느낌의 모양으로 네일의 양끝 모서리 부분이 사각의 형태
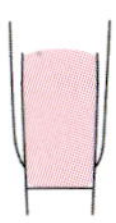	스퀘어 오프 Square off nail	사각 네일에서 양 모서리만을 부드럽게 만든 것 발톱의 형태, 손톱의 형태에 많이 활용
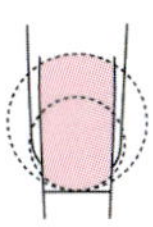	라운드(둥근네일) Round nail	스트레스 포인트에서부터 직선이 살아 있는 것이 포인트! 원의 일부를 갖다 놓은 듯한 형태
	오발 Oval nail	손이 길어 보이며 여성스러운 느낌을 줌
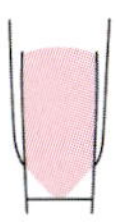	포인트 Almond nail	손이 길고 가늘어보임 하지만 약하다는 단점이 있음(부러지기 쉬움)

4. 네일의 병변

(1) 네일 케어가 가능한 질환

항목	증상 및 원인	관리법
고랑진 조체 (Codrrugation)	• 네일 표면이 고랑진 모양 • 아연결핍, 위장장애, 영양실조 등	버핑 시 조심스럽게 해야 하며 필러를 사용하여 파인 홈을 메움
조체 위축증 (Onychoatrophy)	• 손톱의 색이 어둡고 윤기가 없으며 심하면 오므라들면서 떨어져 나가는 증상 • 내과적 질환, 상한 알칼리성 세제 사용 등	부드러운 파일로 파일링
혈종 (Hematoma)	• 외부 충격으로 네일 아랫부분이 검붉은색으로 변하는 증상 • 네일 매트릭스가 손상되지 않았다면 몇 개월 후 네일이 새로 자라나옴	
조체증 (Onychophagy)	• 네일을 물어 뜯거나 깨무는 버릇에 의해 나타남	인조 네일을 통해 깨무는 버릇을 고침
조체 연화증 (Eggshell nail)	• 네일이 전체적으로 부드럽고 가늘며 끝이 부러지는 현상 • 질병, 신경성, 과도한 다이어트 등	푸셔 사용 시 부드럽게 밀어 올리며 부드러운 파일로 시술
손가락의 거스러미 (Hangnails)	• 네일의 가장자리가 갈라지는 증상 • 합성세제 등에 자주 노출되어 생김	보습처리
조체 종렬증 (Onychorrhexis)	• 손톱이 세로로 갈라지고 찢어지는 증상 • 비타민 A 및 비타민 B 결핍, 갑상선 저하 등	부드러운 파일로 파일링
조내생 (Onychocryptosis)	• 주로 발톱에서 나타나며 네일이 조구로 파고 들어가는 증상	폴리싱과 페디큐어로 완화
조체 입상편 (Pterygium Unguis)	• 큐티클의 과잉성장으로 네일판을 덮는 현상	큐티클을 부드럽게 한 후 제거, 핫오일 매니큐어 시술

조체 비대증 (Onychauxis)	• 네일의 과다성장으로 인해 지나치게 두꺼워지는 현상	부드러운 파일로 파일링
조체 백반증 (Leukonychia)	• 손톱 표면에 작은 흰 점이 나타나는 현상(조상과 조모 사이에 공기가 들어가 기포 형성)	자연스럽게 사라지므로 특별한 관리 필요 없음
변색 또는 오염된 조체 (Discolored Nail)	• 네일 케어 과정에서 베이스 코트를 생략하고 유색 폴리시를 바를 경우 • 혈액순환장애, 심장 이상 등	과산화수소를 이용하여 표백
스푼형 조체 (Koilonychia)	• 네일의 한가운데가 움푹 패이는 형태, 철분 결핍	
무조증 (Anonychia)	• 조체 결여증이라고도 함, 선청성 발육부전증 또는 심한 감염 등	

(2) 네일 케어가 불가능한 질환

항목	증상 및 원인
조갑주위염 (Paronychia)	조체 주위염으로 조체 주위 피부조직이 세균에 감염되어 화농된 염증이 발생, 비위생적인 도구 사용 혹은 큐티클을 지나치게 제거
조갑탈락증 (Onychoptosis)	조체 밑 부분의 피부인 조상층이 두꺼워지며 조체 밑에 축적되어 조체를 이루는 판이 들뜸, 매독, 심한 외상, 고열 등이 원인
조갑박리증 (Onycholysis)	조체 또는 일부가 조상에서 이완되거나 분리되는 증상, 감염 또는 외상
조갑진균증 (Onychomycosis)	진균에 의해 감염되어 황색으로 변색되거나 울퉁불퉁하고 두꺼워지는 현상
조갑사상균증 (Mold)	자연손톱과 인조 네일 사이에 습기가 스며들어 곰팡이균이 서식해 변색이 되며 악취가 나고 부서지는 현상
조갑염 (Onychia)	네일 폴드가 비위생적인 도구 사용으로 인해 감염되는 현상
조갑구만증 (Onychogryphosis)	정확한 원인이 밝혀지지는 않았지만 손, 발톱의 만곡 상태가 심해지는 현상

5. 네일 소기구

(1) 네일 클리퍼(Nail Clipper)

① 팁의 길이 조절 시 굽어져 있지 않은 일자 모양이 편리

(2) 파일(File, Emery Board)

① 네일의 길이를 조절하거나 표면을 다듬을 때 사용

② 입자의 굵기에 따라 거친 것과 부드러운 것이 있는데 그릿(Grit)의 숫자가 높을수록 부드러움

파일의 종류 및 용도

60 Grit	가장 거친 파일
80 Grit	거친 파일
100 Grit	모양을 만들 때 가장 많이 사용
180 Grit	큐티클 정리나 표면 정리 시 사용
320 Grit	흠집(스크레치)을 없앨 때 사용
400 Grit	매우 부드러운 파일
4,000 Grit	부드럽고 광택이 나는 파일
12,000 Grit	매우 반짝이며 광택이 나는 파일

네일에 따른 파일의 분류

자연 네일 : 180~250 Grit / **인조 네일** : 120~180 Grit / **아크릴 네일** : 80~100 Grit

(3) 버퍼(Buffer)샌딩블록

① **화이트 샌딩** : 자연 네일의 표면을 정리하거나 유분을 제거할 때, 파일 사용 후 거스러미를 제거할 때 사용

② **블랙 버퍼** : 표면이 거칠어 주로 인조 팁의 표면을 정리하거나 팁 표면의 매끄러움을 없앨 때 사용

(4) 삼색파일(3-way File)

① 거칠기가 3면으로 구성되어 있으며, 네일 표면에 광택을 낼 때 사용

(5) 랩 가위(실크 가위)

① 실크를 재단할 때 사용

(6) 오렌지 우드 스틱(Orange Wood Stick)

① 큐티클을 밀어 올릴 때, 손톱의 이물질을 제거할 때, 네일 주변의 폴리시를 제거할 때 사용

② 스틱 끝에 솜을 말아서 사용 후 폐기 처리

(7) 큐티클 푸셔(Cuticle Pusher)

① 큐티클을 밀어 올릴 때 사용하는 도구

② 스톤 푸셔와 메탈 푸셔가 있으며 스톤 푸셔는 누드스킨을 제거하거나 파일링 기능을 함

(8) 큐티클 니퍼(Cuticle Nipper)

① 네일 주위의 큐티클(거스러미, 굳은 살)을 정리할 때 사용

② 네일 도구 중 감염이 가장 쉬운 도구이므로 철저한 위생관리가 필요한 도구

③ **재질** : 스테인리스, 니켈, 코발트, 탄소강 등의 금속도금

(9) 토우 세퍼레이터(Toe Separator)

① 페디큐어 작업 시 발가락을 고정시켜 주는 도구

6. 네일 용품

(1) 종이타월(Paper Towel)

① 위생처리된 수건 위에 깔고 지저분해질 때마다 갈아줄 것

(2) 솜(Cotton)

① 폴리시를 제거할 때 사용

(3) 스파츌라(Spatula)

① 크림 등의 제품을 덜어낼 때 사용
② 균 번식 방지를 위해 손가락을 사용하지 말 것

(4) 알코올

① 기구나 손을 소독할 때 사용

(5) 지혈제(Styptic Liquid & Powder)

① 작업 시 가벼운 출혈을 멈추게 하기 위해 사용
② 액체 또는 분말형으로 출혈 부위에 떨어뜨리거나 오렌지우드스틱 끝에 솜을 말아서 살며시 눌러줄 것

7. 매니큐어에 사용되는 네일 제품

(1) 안티셉틱(Anticeptic)

① 피부 소독제로 시술하기 전에 시술자와 고객의 손을 소독하는 데 사용

② 기구 소독제로는 큰 효과가 없음

(2) 폴리시 리무버(Polish Remover)

① 손톱의 폴리시를 제거할 때 사용

② 아세톤과 비아세톤이 있으며, 인조 네일에는 비아세톤 사용
(퓨어 아세톤은 인조 손톱의 끝부분을 녹이거나 약하게 만듦)

(3) 큐티클 리무버(Cuticle Remover)

① 푸셔 사용 전에 큐티클을 부드럽고 느슨하게 만들 때 사용

② 유 · 수분을 공급하여 큐티클을 유연하게 해주며 제거 작업을 용이하게 함

③ **주성분** : 소디움(Sodium), 글리세린(Glycerin)

(4) 큐티클 오일(Cuticle Oil)

① 큐티클을 정리하기 전에 네일을 부드럽게 해주는 유연제

② 리무버의 건조를 막고 매니큐어링이 끝난 후에 한번 더 발라주면 효과적

(5) 네일 폴리시(Nail Polish)

① 손톱에 바르는 유색 화장제

② 니트로셀룰로오스를 휘발성 용액으로 용해시킨 것으로 매우 휘발성이 강함

③ 휘발성을 낮춘 제품은 건조가 느림

(6) 베이스 코트(Base Coat)

① 폴리시를 바르기 전에 손톱에 바르는 투명한 액체

② **기능** : 자연 네일의 변색, 오염 및 착색 방지, 유색 칼라를 밀착시켜 주는 역할

③ **주성분** : 에틸아세테이트, 이소프로필알코올, 부틸아세테이트, 니트로셀룰로오스, 송진, 포름알데히드 등

(7) 탑코트(Top Coat)

① 폴리시를 바른 후 마지막 단계에 네일에 광택을 주고 폴리시를 보호하기 위해 바르는 액체

② **기능** : 광택이 나게 하고 폴리시가 쉽게 벗겨지지 않게 보호

(8) 네일 표백제(Nail Bleach)

① 손톱이 누래졌을 때 희게 표백시키는 용도로 사용

② 오렌지 우드 스틱 끝에 솜을 말아 네일 주위에 피부에 닿지 않게 손톱 표면에만 바름

(9) 네일 화이트너(Nail Whitener)

① 손톱의 프리에지 부분을 희게 보이도록 하는 것

(10) 네일 폴리쉬 띠너(Nail Polish Thinner)

① 폴리시가 끈적거릴 때 묽게 만들어 사용하기 편하게 해주는 제품
(1~2방울 정도면 효과적)

(11) 네일 보강제(Nail Hardner)

① 자연 네일에 사용하는 보강제

② 찢어지거나 갈라진 약한 손톱을 튼튼하게 만들어 주는 강화제

(12) 글루(Glue)

① 네일 팁이나 랩을 접착할 때 사용하는 접착제

(13) 젤 글루(Gel Glue)

① 글루보다 접착력이 뛰어나 네일 팁을 오래 유지
② 글루 도포 후 덧발라주는 제품

(14) 글루 드라이어(Glue dryer)

① 글루나 젤을 빨리 건조시켜 주고 접착력을 강하게 해주는 제품
(사용 시 10~15cm의 거리를 유지할 것)

(15) 필러 파우더(Filler Powder)

① 랩이나 네일 팁이 갈라졌거나 떨어져나간 부분을 채울 때 또는 익스텐션 작업 시 사용

(16) 랩(Wrap)

① 자연 네일이 갈라지거나 찢어질 때 네일 팁을 붙인 후 쉽게 떨어지는 것을 방지하는 제품

(17) 네일 팁(Nail Tip)

① 자연 네일에 접착하여 네일을 길게 연장할 때 사용하는 인조 네일

CHAPTER 02

피부학

Section. 1

피부와 피부 부속기관

1. 피부의 구조 및 기능

표피 - 피부의 가장 표면층으로 외부의 자극으로부터 신체를 보호하고 신진대사 작용을 한다.

(1) 표피의 구조 및 기능

구조	기능
각질층	• 표피의 세포층 중 가장 바깥층 • 각질세포들로 구성, 비듬이나 때처럼 박리현상을 일으키는 층 • 10~20개 층으로 치밀한 라멜라 층을 구성
투명층	• 손바닥과 발바닥 등 비교적 피부층이 두터운 부위에 주로 분포 • 수분 침투 방지 • 엘라이딘이라는 단백질을 함유하고 있어 피부를 윤기있게 해주는 기능
과립층	• 3~5개 층의 평편한 케라티노사이트층으로 구성 • 피부트러블의 원인층인 레인방어막 존재(외부물질로부터 수분침투를 막음) • 지방세포 생성
유극층	• 표피 중 가장 두꺼운 층 • 세포 내 림프액이 흐르기 때문에 림프마사지가 이루어지는 영역(면역기능을 담당하는 랑게르한스 세포 존재)
기저층	• 표피의 가장 아래층으로 진피의 유두층으로부터 영양분을 공급받는 층 • 세포분열이 왕성하여 딸세포를 생성 • 각질형성세포와 피부색을 결정짓는 주요한 원인이 되는 멜라닌 색소를 만들어내는 색소형성세포가 존재

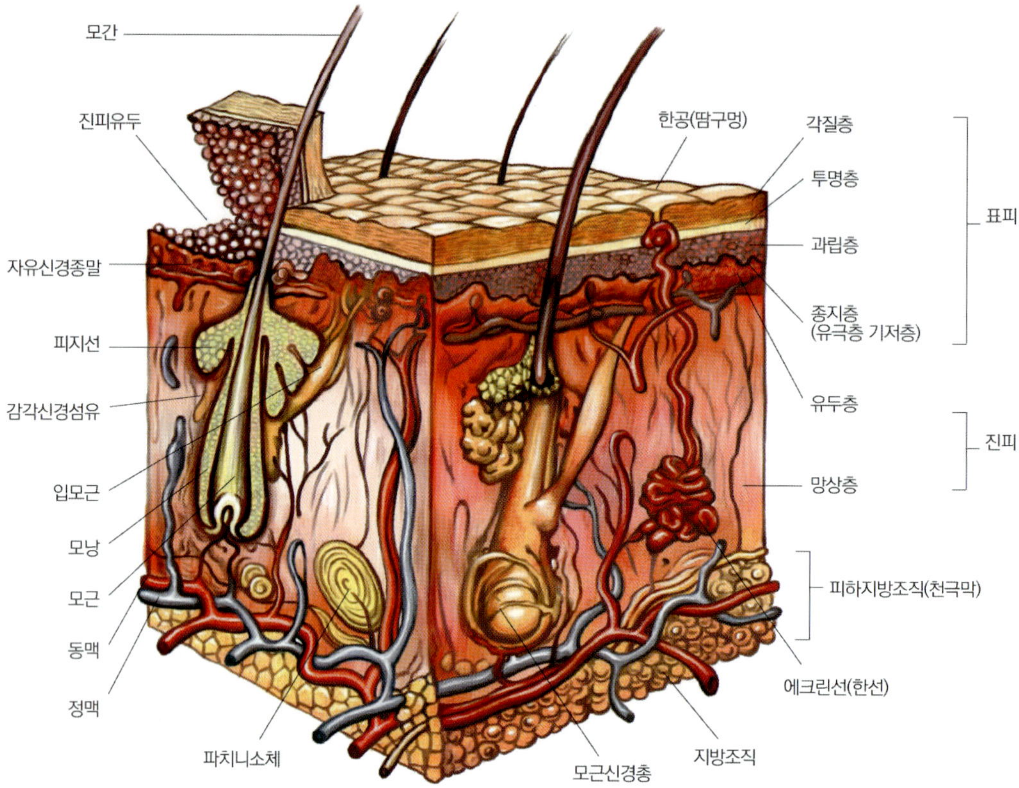

| 피부의 단면 |

(2) 표피층을 구성하는 세포

구조	기능
케라티노사이트 (각화세포)	· 표피의 주요 구성성분으로 표피세포의 80% 차지 · 교체 주기 : 4주
멜라노사이트 (색소세포)	· 색소 형성 세포 · 대부분 기저층에 위치 · 멜라닌의 크기와 양에 따라 피부색 결정(멜라닌세포의 수는 피부색에 관계 없이 일정)

랑게르한스 세포 (긴수뇨세포)	· 피부의 면역기능 담당 · 외부로부터 침입한 이물질을 림프구로 전달
머켈 세포	· 기저층에 위치 · 신경섬유의 말단과 연결되어 있어 촉각을 감지하는 세포로 작용

2. 진피

(1) 주성분

콜라겐 조직과 탄력적인 엘라스틴섬유 및 뮤코 다당류로 구성된다.

(2) 진피의 구조와 기능

구조	기능
유두층	· 표피의 경계 부위에 유두 모양의 돌기를 형성하고 있는 진피의 상단 부분 · 다량의 수분을 함유하고 있으며, 혈관을 통해 기저층에 영양분 공급 · 세포성분과 기질성분이 많고 모세혈관, 신경종말이 풍부하게 분포
망상층	· 진피의 4/5를 차지하며 피하조직과 연결되는 층 · 옆으로 길고 섬세한 섬유가 그물모양으로 구성 · 혈관, 신경관, 림프관, 한선, 유선 등의 부속기관이 분포

섬유아세포

교원섬유와 탄력섬유로 구성되며 진피의 윗부분에 많이 분포되어 있고 콜라겐, 엘라스틴 등을 합성

3. 피하지방

① 진피와 근육 사이에 위치하며, 피부의 가장 아래층, 진피로 가는 신경과 혈관의 통로

② **기능** : 영양분 저장, 지방 합성, 열의 차단, 충격 흡수

셀룰라이트

피하지방이 축적되어 뭉친 현상으로 오렌지 껍질 모양의 피부 변화, 여성의 허벅지, 엉덩이, 복부에 주로 발생, 원인은 혈액과 림프순환의 장애로 대사과정에서 노폐물, 독소 등이 배설되지 못하고 피부 조직에 축적

4. 피부의 기능

① **보호기능** : 피하지방과 모발의 완충작용으로 외부로부터의 충격, 압력으로부터 보호, 열 · 추위 · 화학작용 · 박테리아로부터 보호, 자외선 차단

② 체온조절 기능

③ 비타민 D 합성 기능(자외선 조사에 의해 피부 내에서 생성)

④ 분비, 배설 기능: 땀 및 피지의 분비

⑤ 호흡작용: 산소를 흡수하고 이산화탄소를 방출하면서 에너지를 생성

⑥ 감각 및 지각 기능

피부 표면의 pH (pH는 용액의 수소이온농도를 지수로 나타낸 수소이온지수)

- 4.5~5.5의 약산성
- 신체 부위, 주위의 조건 등에 따라 달라지지만, 땀의 분비가 가장 크게 영향을 미침

피부의 감각기관

- 통각, 온각, 촉각, 냉각, 압각
- **통각** : 피부에 가장 많이 분포하며, 피부가 느낄 수 있는 가장 예민한 감각
- **온각** : 오감 중 가장 둔한 감각

분포

- **촉각점, 통각점** : 진피의 유두층에 위치
- **온각점, 냉각점, 압각점** : 진피의 망상층에 위치
- 통각점 〉 압각점 〉 촉각점 〉 냉각점 〉 온각점 순으로 많이 분포

Section. 2

피부 부속기관의 구조 및 기능

1. 한선(땀샘)

① 진피와 피하지방 조직의 경계부위에 위치

② 체온조절 기능, 피부습도유지, 노폐물 배출, 산성 보호막 형성

③ 종류

에크린선(소한선)	• 분포 : 전신에 분포하나 특히 손바닥, 발바닥, 이마 등에 집중 분포(입술, 음부, 손톱 제외) • 기능 : 체온 유지 및 노폐물 배출
아포크린선(대한선)	• 분포 : 겨드랑이, 눈꺼풀, 유두, 배꼽 주변 • 기능 : 모낭에 연결되어 피지선에 땀을 분비, 산성막의 생성에 관여 • 여성이 남성보다 발달(흑인 〉 백인 〉 동양인) • 성, 인종을 결정짓는 물질을 함유, 사춘기 이후에 주로 발달

2. 피지선

① 진피의 망상층에 위치(피지선을 통해 피지 배출)

② 손바닥과 발바닥을 제외한 전신에 분포

③ 안드로겐이 피지의 생성 촉진, 에스트로겐이 피지의 분비 억제

④ **피지의 1일 분비량** : 약 1~2g

피지의 기능

피부의 항상성 유지, 피부보호 기능, 유독물질 배출작용, 살균작용 등

3. 모발

(1) 모발의 특징

① **주성분** : 케라틴(시스틴이라는 아미노산이 다량 함유)

② **성장속도** : 하루에 0.2~0.5mm씩 성장

③ **수명** : 3~6년

④ **건강한 모발의 pH** : 4.5~5.5

(2) 모발의 결합구조

① **폴리펩티드결합(주쇄결합)** : 세로 방향의 결합으로 모발의 결합 중 가장 강한 결합

② **측쇄결합** : 가로 방향의 결합

종류	특징
시스틴결합	두 개의 황(S) 원자 사이에서 형성되는 공유결합
수소결합	수분에 의해 일시적으로 변형되며 드라이어의 열을 가하면 다시 재결합되어 형태가 만들어지는 결합
염결합	산성의 아미노산과 알칼리성 아미노산이 서로 붙어서 구성되는 결합

(3) 멜라닌 : 피부와 모발의 색을 결정하는 색소

① **유멜라닌** : 갈색-검정색 중합체, 입자형 색소

② **페오멜라닌** : 적색-갈색 중합체

(4) 모발의 구조

① **모간** : 피부 밖으로 나와 있는 부분

- 모표피 : 모발의 가장 바깥부분
- 모피질 : 모표피의 안쪽 부분으로 멜라닌 색소를 가장 많이 함유
- 모수질 : 모발의 중심부로 멜라닌 색소 함유

② **모근** : 두부의 표피 밑에 있는 부분으로 모발 성장의 근원이 되는 부분

③ **모낭** : 모근을 싸고 있는 부분으로 피지선과 연결되어 모발에 윤기 부여

④ **모구** : 모낭의 아랫부분으로 이곳에서부터 털이 성장

⑤ **모유두** : 모낭 끝에 있는 작은 돌기 조직으로 모발에 영양을 관장하는 혈관과 신경세포가 분포

> 모유두에 접한 모모세포는 분열과 증식작용을 통해 새로운 머리카락을 만든다.

(5) 모발의 생장주기

구분	특징
1단계 성장기	• 모발의 생성, 성장 • 전체 모발의 88% 차지 • 기간 : 남성(3~5년), 여성(4~6년)
2단계 퇴행기	• 모발의 성장이 느려지는 단계 • 모유두와 모구가 분리되고 모근이 위쪽으로 올라감 • 전체 모발의 1~2% 차지 • 기간 : 약 1개월
3단계 휴지기	• 모발의 성장이 멈추고 가벼운 물리적 자극에 의해 쉽게 탈모가 되는 단계 • 전체 모발의 14~15% 차지 • 기간 : 2~3개월

Section. 3

피부 유형 분석

1. 정상피부의 성상 및 특징

① 피지분비 및 수분 공급 기능이 적절함
② 피부결이 부드럽고 탄력이 좋음
③ 모공이 미세하고 피부색이 맑음
④ 세안 후 피부가 당기지 않음

2. 건성피부의 성상 및 특징

① 피지와 땀의 분비 저하로 유, 수분의 균형이 정상적이지 못함
② 탄력이 좋지 못하며 잔주름이 많음
③ 모공이 작음
④ 세안 후 이마, 볼 부위가 당김
⑤ 잔주름이 많음
⑥ 화장이 잘 들뜸

3. 지성피부의 성상 및 특징

① 모공이 크고 여드름이 잘 생김
② 정상피부보다 피지 분비량이 많으며 피부결이 곱지 못함
③ 남성피부에 많음
④ 뾰루지가 잘 남
⑤ 정상피부보다 두꺼움
⑥ 블랙헤드가 생성되기 쉬움
⑦ 화장이 쉽게 지워짐
⑧ **원인** : 남성호르몬인 안드로겐이나 여성호르몬인 프로게스테론의 기능이 활발해져서 생김

4. 민감성 피부의 성상 및 특징

① 어떤 물질에 대해 큰 반응을 일으킴
② 모공이 거의 보이지 않음
③ 여드름, 알레르기 등의 피부 트러블이 자주 발생함
④ 화장품을 바꾸어 사용하면 처음에는 예민한 반응을 일으킴
⑤ 얼굴이 자주 건조해짐

5. 복합성 피부의 성상 및 특징

① 유분은 많은데 세안 후 볼 부분이 당김

② 피지가 많이 분비되며 피부 트러블이 가끔 생김

③ 피부의 윤기가 적음

④ 모공이 넓고 거칢

⑤ 피부가 칙칙해 보이고 화장이 잘 지워짐

6. 노화피부의 성상 및 특징

① 미세하거나 선명한 주름이 보임

② 피지 분비가 원활하지 못하며, 탄력성이 저하되어 모공이 넓어짐

③ 색소 침착 불균형이 나타남

Section. 4

피부와 영양

1. 3대 영양소, 비타민, 무기질

1 탄수화물

(1) 기능 및 특징

① 신체의 중요한 에너지원으로(1g당 4Kcal) 혈당을 유지

② 장에서 포도당, 과당 및 갈락토오스로 흡수

③ 소화흡수율은 99%에 가까움

④ **과잉 섭취 시** : 글리코겐 형태로 간에 저장

⑤ **결핍 시** : 체중 감소, 기력 부족

(2) 분류

① **단당류** : 포도당, 과당, 갈락토오스

② **이당류** : 자당, 맥아당, 유당

③ **다당류** : 전분, 글리코겐, 섬유소

2 단백질

(1) 기능 및 특징

① **체조직의 구성성분** : 모발, 손톱, 발톱, 근육, 뼈 등

② 효소, 호르몬 및 항체 형성

③ 포도당 생성 및 에너지 공급(1g당 4kcal)

④ **혈장 단백질 형성** : 알부민, 글로불린, 피브리노겐

⑤ **체내의 대사과정 조절** : 수분의 균형 조절, 산-염기의 균형 조절

⑥ **과잉 섭취 시** : 비만, 골다공증, 불면증, 신경 예민 등

⑦ **부족 시** : 성장발육 저조, 소화기 질환, 빈혈 등

(2) 아미노산

① 단백질의 기본 구성단위

② **필수아미노산** : 발린, 루신, 아이소루이신, 메티오닌, 트레오닌, 라이신, 페닐알라닌, 트립토판, 히스티딘, 아르기닌

필수 아미노산

체내에서 합성할 수 없어 반드시 음식으로부터 공급해야 하는 아미노산

비필수 아미노산

체내에서 합성되는 아미노산

3 지방

(1) 기능

① 고효율의 에너지 공급원(1g당 9kcal)

② 필수지방산 공급

③ 체온 조절 및 장기 보호

④ 필수 영양소로서의 기능

(2) 필수지방산

① 동물의 정상적인 발육과 유지에 필수적인 다가불포화지방산

② **종류** : 리놀산, 리놀렌산, 아라키돈산

지방산의 구분

- **탄소의 결합방식에 따른 구분** : 포화지방산,
- **불포화지방산 체내의 합성에 따른 구분** : 필수지방산과 비필수지방산

(3) 왁스

① 고형의 유성 성분으로 고급 지방산에 고급 알코올이 결합된 에스테르

② 동, 식물체의 표피에 존재하는 보호물질

③ **기능** : 미생물의 침입, 수분 증발 및 흡수 방지

4 비타민

(1) 수용성 비타민

물에 녹으며 체내 대사를 조절하지만 체내에 축적되지 않는다.

구분	종류
비타민 B1 (티아민)	• 결핍 시 : 각기병, 식욕부진, 피로감 유발 • 기능 : 탄수화물대사에 도움, 상처 치유 • 식품 : 현미, 보리, 콩류, 돼지고기
비타민 B2 (리보플라빈)	• 결핍 시 : 피부병, 구순염, 구각염, 백내장 • 기능 : 피지분비조절, 보습력 및 피부탄력 증가 • 식품 : 우유, 치즈, 간, 달걀, 돼지고기 등
비타민 C (아스코르빈산)	• 모세혈관 강화 → 피부손상 억제, 멜라닌 색소 생성 억제 • 미백작용 • 항산화제로 작용, 유해산소의 생성 봉쇄 • 결핍 시 : 기미, 괴혈병 유발, 잇몸 출혈, 빈혈

(2) 지용성 비타민

지방에 녹으며 과잉섭취 시 체내에 축적되므로 중독증상 나타날 수 있다.

종류	특징
비타민 A (레티노이드)	• 피지 분비 억제 • 각질 연화제로 많이 사용 • 결핍 시 : 야맹증, 피부표면 경화 • 식품 : 귤, 당근
비타민 D (칼시페롤)	• 자외선에 의해 피부에서 만들어져 흡수 • 칼슘 및 인의 흡수 촉진 • 골다공증 예방 • 결핍 시 : 구루병, 골다공증, 골연화증 • 식품 : 우유, 계란노른자, 마가린

비타민 E (토코페롤)	• 호르몬 생성 및 인체에 매우 중요한 항산화제, 임신 등 생식기능에 관여 • 갱년기 장애 예방 및 치료 • 결핍 시 : 조산, 유산, 불임, 신경계 장애, 용혈성 빈혈 등 • 식품 : 식물성 기름, 우유, 달걀, 간 등
비타민 K	• 혈액응고 및 뼈의 형성에 관여 • 모세혈관 강화 • 결핍 시 : 피부나 점막에 출혈 • 식품 : 녹색 채소, 과일, 곡류, 우유

5 무기질

체액의 산, 알칼리의 평형 조절에 관여한다.

구분	종류
철(Fe)	• 인체에서 가장 많이 함유하고 있는 무기질 • 혈액 속의 헤모글로빈의 주성분 • 산소 운반 작용, 혈색을 좋게 함 • 면역 기능 • 결핍 시 : 빈혈, 적혈구 수 감소
칼슘(Ca)	• 뼈 및 치아 형성, 근육의 이완과 수축 작용 • 신경전달에 관여 • 결핍 시 : 구루병, 골다공증, 충치, 신경과민증 등
인(P)	• 뼈 및 치아 형성 • 세포의 핵산과 세포막 구성, 체액의 pH조절, 비타민 및 효소 활성화 관여
요오드(I)	• 갑상선 및 부신의 기능 촉진 • 피부를 건강하게 해줌 • 모세혈관의 기능 정상화
식염(Nacl)	• 근육 및 신경의 자극 전도 • 삼투압 조절 • 결핍 시 : 피로감, 노동력 저하

Section. 5

피부 장애와 질환

1. 원발진과 속발진

1 원발진

피부질환의 초기병변 혹은 1차적 피부장애 증상이다.

종류	특징
반점	피부표면에 융기나 함몰이 없이 피부 색조의 변화만 있는 것(주근깨, 기미 등)
홍반	모세혈관의 울혈에 의한 피부발적 상태
팽진	두드러기 혹은 담마진이라고도 하며 크기나 형태가 변하고 수시간 내에 소실 됨
구진	직경 1cm 미만의 피부의 단단한 융기물로 표피에 형성되어 흔적 없이 치유 됨
결절	구진과 종양 사이의 중간 형태, 진피 · 피하지방까지 침범
수포	단백질 성분의 묽은 액체가 고여 생기는 물질
농포	표피 내 또는 표피하의 가시적인 고름의 집합
낭종	여드름 피부의 4단계에서 생성되는 것으로 치료 후 흉터가 남으며 진피에 자리
판	구진이 커지거나 서로 뭉쳐서 형성된 넓고 평평한 병변
면포	얼굴, 이마, 콧등에 나타나는 나사 모양의 굳어진 피지덩어리
종양	직경 2cm 이상의 큰 결절

2 속발진

원발진이 진행되거나 2차적인 증상이 더해져 나타나는 병변이다.

종류	특징
인설	각질세포가 가루 모양 또는 비듬 모양의 덩어리로 떨어져 나가는 것
가피	혈청, 농, 혈액 및 표피 부스러기 등이 피부표면에서 건조된 덩어리
표피박리	손톱으로 긁어서 생기는 표피선상의 작은 상처나 심한 마찰상
미란	표피만 파괴되어 떨어져 나간 피부손실 상태
균열	질병이나 외상에 의해 표피가 선상으로 갈라진 상태
궤양	염증성 괴사에 의해 표피, 진피, 피하지방층에 결손이 생긴 상태
농양	화농성 염증으로 고름이 고인 상태
변지	오래 쓸리고 마찰되어 혈기가 제대로 통하지 못하여 손바닥이나 발바닥에 생기는 굳은살
반흔	외상이 치유된 후 피부에 남아있는 변성 부분
위축	피부의 기능저하에 의해 피부가 얇게 되는 상태
태선화	표피 전체와 진피의 일부가 가죽처럼 두꺼워지며 딱딱해지는 현상

2. 피부질환

(1) 바이러스성 피부질환

종류	특징
단순포진	• 입술 주위에 주로 생기는 수포성 질환 • 흉터 없이 치유되나 재발이 잘 됨
대상포진	• 지각신경 분포를 따라 군집 수포성 발진이 생기며 통증 동반 • 높은 연령층의 발생 빈도가 높음
사마귀	• 파필로마 바이러스 감염에 의해 구진 발생, 감염성이 강함
수두	• 피부 및 점막의 수포성 질환으로 발진 발생 1일 전부터 6일 후까지 호흡기 계통을 통해 감염
홍역	• 발열과 발진을 주 증상으로 하는 급성 발진성 질환
풍진	• 귀 뒤나 목 뒤에 림프절 비대 증상으로 통증을 동반하며, 얼굴과 몸에 발진이 나타남

(2) 진균성(곰팡이) 피부 질환

종류	특징
칸디다증	칸디다 알비칸스균에 의해 발생하며 피부, 점막, 입안, 식도, 손·발톱 등 발생 부위에 따라 다양한 증상
백선(무좀)	곰팡이균에 의해 발생 증상 : 피부 껍질이 벗겨지고 가려움증 동반, 주로 손과 발에서 번식 종류 : 족부백선(발), 두부백선(머리), 조갑백선(손, 발톱), 체부백선(몸), 고부백선(성기주위), 안면백선(얼굴), 수부백선(손바닥), 수발백선(수염)
어루러기	말라세지아균에 의해 피부 각질층, 손·발톱, 머리카락에 진균이 감염되어 발생

1 색소 이상증상

(1) 과색소침착 : 멜라닌 색소 증가로 인해 발생

종류	특징
기미	후천적인 과색소 침착증 원인 : 자외선 과다 노출, 경구 피임약 복용, 내분비장애, 선탠기 사용 중년 여성에게 주로 발생 종류 : 표피형, 진피형, 혼합형
주근깨	유전적 요인에 의해 주로 발생, 나이가 들어감에 따라 감소
검버섯	얼굴, 목, 팔, 다리 등에 경계가 뚜렷한 구진 형태로 발생
갈색반점	혈액순환 이상으로 발생
오타모반	청갈색 또는 청회색의 진피성 색소반이 이마, 눈 주위 등에 나타나는 질환
릴 흑피증	화장품이나 연고 등으로 인해 발생하는 색소침착
벌록피부염	향료에 함유된 요소가 원인인 광접촉 피부염

(2) 저색소침착 : 멜라닌 색소 감소로 인해 발생

종류	특징
백반증	원형, 타원형 또는 부정형의 흰색 반점이 나타남 후천적 과색소 침착증
백색증	멜라닌 색소 부족으로 피부나 털이 하얗게 변하는 증상 선척적으로 멜라닌 색소가 결핍되어 나타나는 질환

2 기계적 손상에 의한 피부질환

종류	특징
굳은살	외부의 압력으로 인해 발생되는 국소적인 과각화증
티눈	각질층의 한 부위가 두꺼워져 생기는 각질층의 증식 현상으로 통증 동반
욕창	지속적인 압박으로 인해 혈액순환 장애로 조직이 죽어서 발생한 궤양
마찰성 수포	압력이나 마찰로 인해 자극된 부위에 생기는 수포

3 열에 의한 피부 질환

(1) 화상

구분	특징
제1도 화상	피부가 붉게 변하면서 국소 열감과 동통 수반
제2도 화상	진피층까지 손상되어 수포가 발생한 피부, 홍반 · 부종 통증 동반
제3도 화상	피부 전층 및 신경이 손상된 상태, 피부색이 흰색 또는 검은색으로 변함
제4도 화상	피부 전층, 근육, 신경 및 뼈 조직이 손상된 상태

(2) 한진(땀띠)

땀관이 막혀 땀이 원활하게 표피로 배출되지 못하고 축적되어 발진과 물집이 생기는 질환이다.

(3) 열성홍반

피부가 화상을 입지 않을 정도의 강한 열에 지속적으로 노출되어 지속적인 홍반과 과색소침착 현상이 나타나는 질환이다.

4 한랭에 의한 피부질환

종류	특징
동창	한랭 상태에 지속적으로 노출되어 피부의 혈관이 마비되어 생기는 국소적 염증반응
동상	영하 2~10℃의 추위에 노출되어 피부의 조직이 얼어 혈액 공급이 되지 않는 상태
한랭두드러기	추위 또는 찬 공기에 노출되는 경우 생기는 두드러기

Section. 6

피부면역 및 노화

1. 피부와 광선

1 자외선이 미치는 영향

구분	효과
긍정적 영향	살균 및 소독기능, 노폐물 제거, 비타민D 합성
부정적 영향	일광화상, 홍반반응, 색소침착, 광노화, 피부암 등

2 자외선의 구분

구분	파장 범위	특징
UV A	장파장 (320~400nm)	· 진피의 상부까지 침투 · 피부 탄력 감소 및 주름 형성, 색소 침착 유발 · 콜라겐 및 엘라스틴 파괴, 변형→광노화 현상 · 선탠 반응

UV B	중파장 (290~320nm)	• 표피의 기저층 또는 진피의 상부까지 침투 • 홍반 발생 능력이 자외선 A의 1,000배
UV C	단파장 (200~290nm)	• 표피의 각질층까지 도달 • 대기 중 오존층에 의해 흡수 • 살균, 소독 작용

3 적외선이 미치는 영향

① 혈관 촉진으로 인한 홍반 현상

② 적외선 노출 부위의 혈액량 증가로 혈액순환 및 신진대사 촉진

③ 근육 조직의 이완과 수축을 원활하게 함

④ 피부에 영양분 침투

⑤ 통증 완화 및 진정 효과

2. 피부면역

1 면역의 종류와 작용

(1) 특이성 면역

체내에 침입하거나 체내에서 생성되는 항원에 대해 항체가 작용하여 제거하는 면역이다.

구분	효과
B림프구	체액성 면역, 감마글로불린이라는 단백질 항체를 만들며 이 항체는 몸의 원래 단백질과 구별되는 항원에 반응
T림프구	세포성 면역, 혈액 내 림프구의 70~80% 차지, 세포 대 세포의 접촉을 통해 직접 항원을 공격(증식하여 병원성 세포를 공격)

2 비특이성 면역

미생물부터 커다란 기생충에 이르는 살아 있는 침입자들은 물론이고 물리적 상해, 화상, 동상, 부식성 화학 물질 접촉, 방사선 조사 같은 모든 손상에 대해 일어난다.

(1) 제1방어계(자연저항, 비특이성 저항)

① **기계적 방어벽** : 피부 각질층, 점막, 코털
② **화학적 방어벽** : 위산, 소화효소
③ **반사작용** : 재채기, 섬모운동

(2) 제2방어계(비특이성 저항)

① **식세포 작용** : 대식세포, 단핵구

② **염증 및 발열** : 히스타민

③ **방어 단백질** : 보체, 인터페론

④ **자연살해세포** : 면역화 과정 없이 세포 용해 작용을 일으키는 작은 림프구 모양의 세포로, 종양 세포나 바이러스 감염 세포를 자발적으로 죽이며 인터페론에 의해 활성이 증진

3 피부노화

(1) 피부노화의 원인

① 신경세포의 피로

② 우리 몸의 대사과정에서 만들어진 반응성 활성산소라디칼에 의하여 우리 몸의 구성 성분에 생기는 손상이 누적

③ 신진대사 과정에서 발생하는 독소

④ 텔로미어 단축

텔로미어(Telomere)

> 염색체의 끝부분을 지칭, 세포분열이 진행될수록 길이가 점점 짧아져 나중에는 매듭만 남게 되고 세포복제가 멈추어 죽게 되면서 노화가 일어남

3. 피부노화 현상

(1) 내인성 노화(자연노화)

① 나이가 들면서 자연적으로 발생하는 노화
② 각질층의 두께, 피지선의 크기 증가
③ 건조해지고 잔주름이 늘어남
④ 피하지방세포, 멜라닌 세포, 랑게르한스 세포 수, 한선의 수, 땀의 분비 감소
⑤ 표피의 두께가 얇아지고 각질형성세포 크기가 커짐

(2) 외인성 노화(광노화)

① 태양광선 등 외부환경의 노출에 의한 노화
② 표피의 두께가 두꺼워짐, 탄력성 소실
③ 진피 내의 모세혈관 확장
④ 멜라닌 세포의 수 증가
⑤ 피부가 건조해지고 거칠어짐
⑥ 스트레스, 흡연, 알코올 섭취 등의 영향을 받음
⑦ 과색소침착증이 나타남
⑧ 주름이 비교적 깊고 굵음
⑧ 광노화의 주된 파장은 자외선 B이나 장기간 폭로 시 자외선 A도 영향
⑨ 콜라겐의 변성 및 파괴가 일어남

CHAPTER 03 해부생리학

Section. 1

세포와 조직

1. 해부생리학의 정의

① **해부학(Anatomy)** : 생물체를 구성하는 기관이나 조직의 구조, 형태 및 상호간의 위치를 연구하는 학문

② **생리학(Physiology)** : 생물체의 계통이나 기관의 특유한 기능, 작용을 연구하는 학문

2. 인체의 구성

(1) 인체의 구성물질

① 인체를 구성하는 주 원소에는 산소(O), 탄소(C), 수소(H), 질소(N)가 있음

② 이들은 20여 종의 아미노산을 구성하는 주성분이며, 인체는 아미노산의 다양한 합성으로 이루어짐

3. 생태학적 단계

① **세포(Cell)** : 인체의 구조적, 기능적, 유전적 기본단위

② **조직(Tissue)** : 분화의 방향이 같고 구조와 기능적 연계성을 가진 세포들이 모여 조직을 형성하며 상피조직, 결합조직, 신경조직, 근육조직으로 나누어짐

③ **기관(Organ)** : 조직이 모여 일정한 형태와 기능을 가진 기관을 형성함. 심장, 위장, 간, 신장, 소장, 대장 등이 있음

④ **계통(System)** : 서로 연관성 있는 기관이 모여 일련의 기능을 수행하는 계통을 형성.
골격계 · 신경계 · 근육계 · 순환기계 · 내분비계 · 소화기계 · 호흡기계 등이 있음

⑤ **인체(Body)** : 계통이 모여서 인체를 형성함

Section. 2

골격계통

(Skeleton system)

1. 골격계의 개요(형태 및 발생)

(1) 골의 기능 및 특징

① **골격계(Skeletal System)의 기능** : 지지, 보호, 조혈, 운동, 저장 기능이 있음

② **골의 특징** : 인체는 약 206개의 골 및 이와 관련된 연골로 구성되어 있으며 2개 이상의 뼈는 인대 등의 결합조직에 의해 기능적으로 연결되어 있음

골은 인체의 조직 중 수분 함량이 가장 적은 곳

(2) 골의 구성

① **골막(Periosteum)** : 바깥쪽의 섬유층과 안쪽의 세포층으로 구성

② **골조직(Osseous Tissue)** : 골세포와 골세포 주위의 딱딱한 칼슘조직으로 둘러싸인 결합조직

③ **해면골(Spongy Bone)** : 해면상에 많은 불규칙한 골조직, 다공성 구조

④ **골수강(Medullary Cavity)** : 뼈의 구조물의 일부분으로 치밀뼈의 내부

2. 전신뼈대

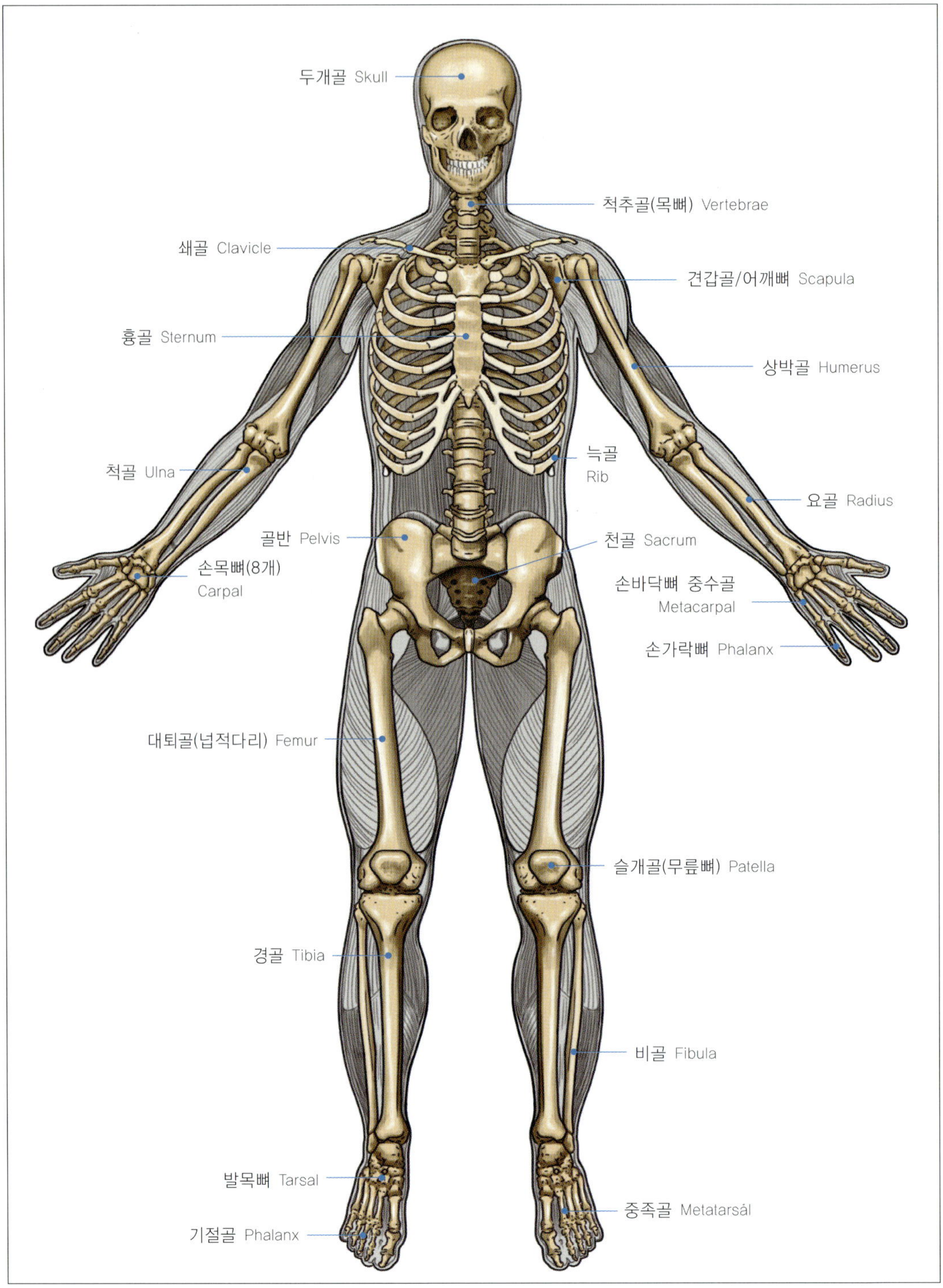
두개골 Skull
척추골(목뼈) Vertebrae
쇄골 Clavicle
견갑골/어깨뼈 Scapula
흉골 Sternum
상박골 Humerus
늑골
Rib
척골 Ulna
요골 Radius
골반 Pelvis
천골 Sacrum
손목뼈(8개)
Carpal
손바닥뼈 중수골
Metacarpal
손가락뼈 Phalanx
대퇴골(넙적다리) Femur
슬개골(무릎뼈) Patella
경골 Tibia
비골 Fibula
발목뼈 Tarsal
중족골 Metatarsal
기절골 Phalanx

<table>
<tr><th colspan="2">체간골격</th><th colspan="2">체지골격</th></tr>
<tr><td rowspan="2">두개골</td><td>뇌두대골 8개</td><td rowspan="2">상지대</td><td>쇄골 2개</td></tr>
<tr><td>안면골 14개</td><td>견갑골 2개</td></tr>
<tr><td>이소골</td><td>6개</td><td rowspan="6">자유 상지골</td><td>상완골 2개</td></tr>
<tr><td>설골</td><td>1개</td><td>척골 2개</td></tr>
<tr><td>척추골</td><td>26개</td><td>요골 2개</td></tr>
<tr><td>흉골</td><td>1개</td><td>수근골 16개</td></tr>
<tr><td>늑골</td><td>24개</td><td>중수골 10개</td></tr>
<tr><td colspan="2" rowspan="10">합계 80개</td><td>수지골 28개</td></tr>
<tr><td>하지대</td><td>관골 2개</td></tr>
<tr><td rowspan="7">자유하지골</td><td>대퇴골 2개</td></tr>
<tr><td>비골 2개</td></tr>
<tr><td>경골 2개</td></tr>
<tr><td>슬개골 2개</td></tr>
<tr><td>족근골 14개</td></tr>
<tr><td>중족골 10개</td></tr>
<tr><td>족지골 28개</td></tr>
<tr><td colspan="2">합계 126개</td></tr>
<tr><td colspan="4">골격 총수 206개</td></tr>
</table>

Section. 3

근육계통

(Muscular System)

1. 근육의 형태 및 기능

(1) 근육(Muscle System)의 구조

인체의 근육계는 대략 650여 개의 근육들로 이루어져 있으며 체중의 약 40~45%를 차지한다.

(2) 근육의 기능

① 자극에 의해 수축하여 전신의 운동을 담당

② 근육이 에너지를 소비하면서 수축과 함께 열을 발생

③ 자세유지

④ 혈관수축에 의한 혈액순환 촉진

⑤ **소화관운동** : 음식물 이동

⑥ 배뇨, 배변 활동

(3) 근수축의 생리

① 근수축의 원리

전기적 신호로 인해 말단 부위에서 아세틸콜린이 방출 → 세포막에서의 전기적 흥분을 유도 → 근형질내세망에서 칼슘 방출 → 칼슘과 트로포닌이 결합하여 근육 수축 → 칼슘이 다시 근형질내세망으로 돌아가면서 근육이완

② 근수축의 종류

- 연축 : 단일 근육 자극으로 짧은 기간 일시적인 수축을 일으키는 것
- 강축 : 반복된 자극으로 연축이 합쳐져 나타나는 지속적인 큰 수축
- 긴장 : 약한 자극이 지속적으로 근육에 나타나는 약한 수축
- 강직 : 활동전압이 일어나지 않고 근육이 딱딱하게 굳은 상태

2. 근육의 분류

(1) 골격근(Skeletal Muscle)

골격에 붙어 있으며 가로무늬가 뚜렷하고 운동에 관여하며 수축한다. 자세유지 및 체열생산기능이 있으며 의지에 지배를 받는 수의근이다.

(2) 평활근(Smooth Muscle)

핵이 가운데 있고 민무늬근으로 가로무늬가 없으며 내장기관 및 혈관벽을 형성하는 근육이다. 얇고 편평한 구조로 소화관 벽에는 여러 겹의 평활근이 중첩되어 있다. 자율신경의 지배를 받는 불수의근이다.

(3) 심장근(Cardiac Muscle)

심장벽을 형성하는 근육으로 인체에서 가장 운동량이 많으며 심근을 수축시켜 혈액을 전신으로 내보내는 역할을 한다. 자율신경의 지배를 받는 불수의근이다.

3. 전신근육

(1) 안면근육

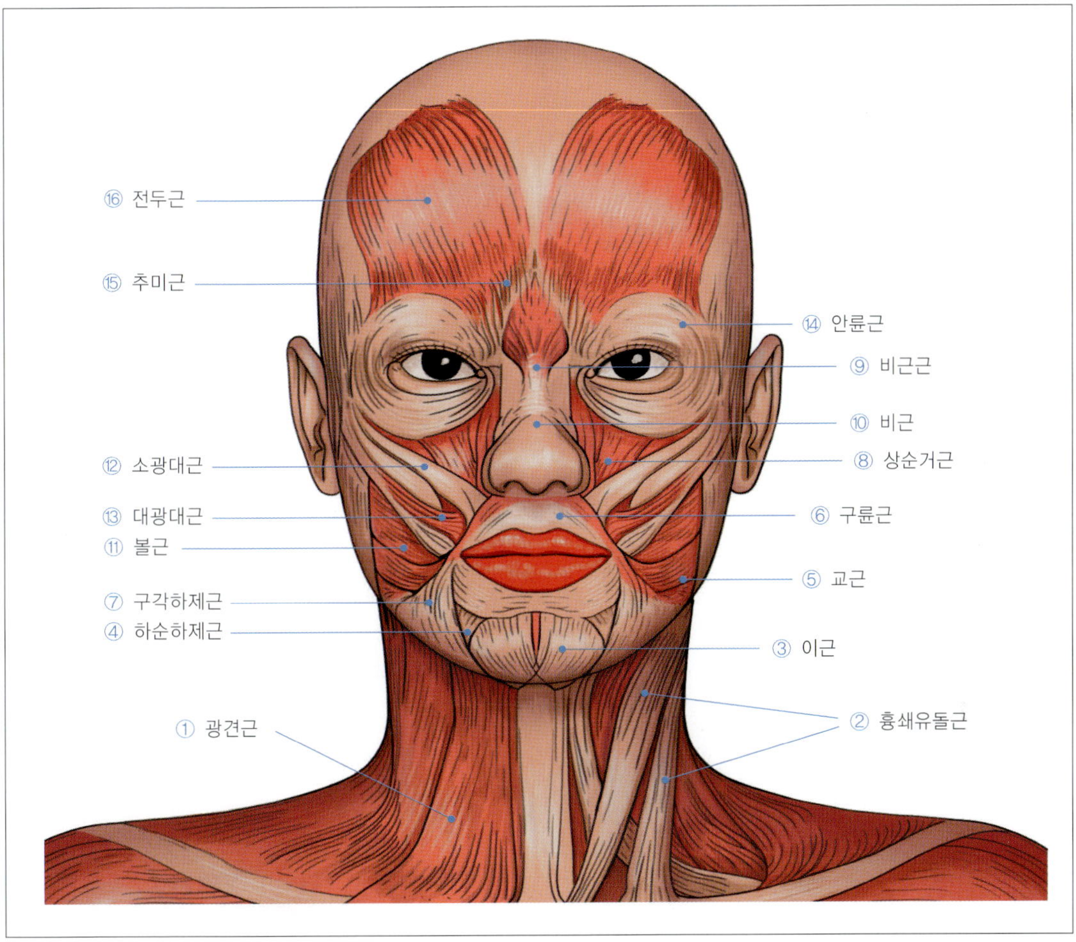
⑯ 전두근
⑮ 추미근
⑭ 안륜근
⑨ 비근근
⑩ 비근
⑫ 소광대근
⑧ 상순거근
⑬ 대광대근
⑥ 구륜근
⑪ 볼근
⑤ 교근
⑦ 구각하제근
④ 하순하제근
③ 이근
① 광견근
② 흉쇄유돌근

(2) 전신 근육도

Anterior(전면)

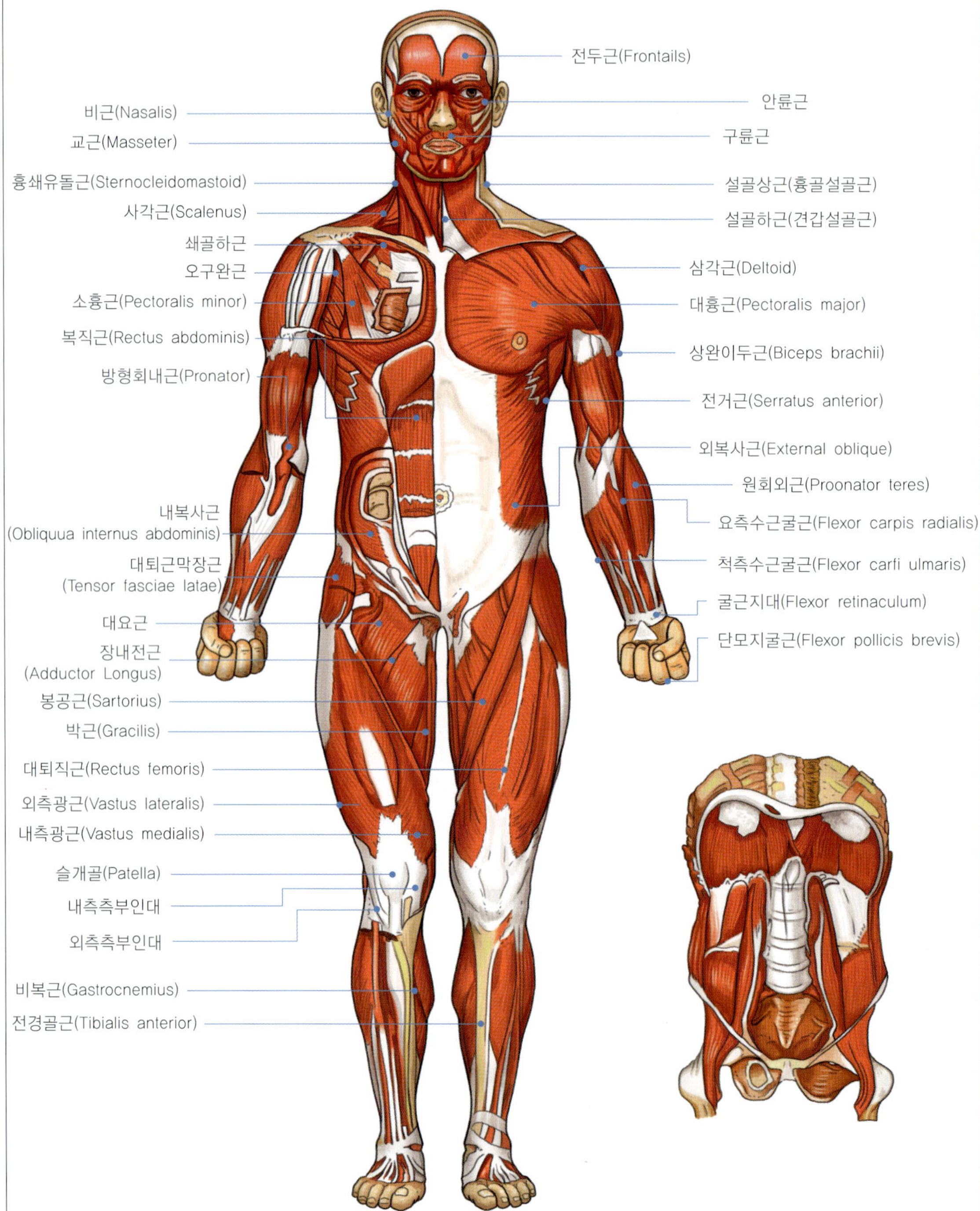

Posterior(후면)

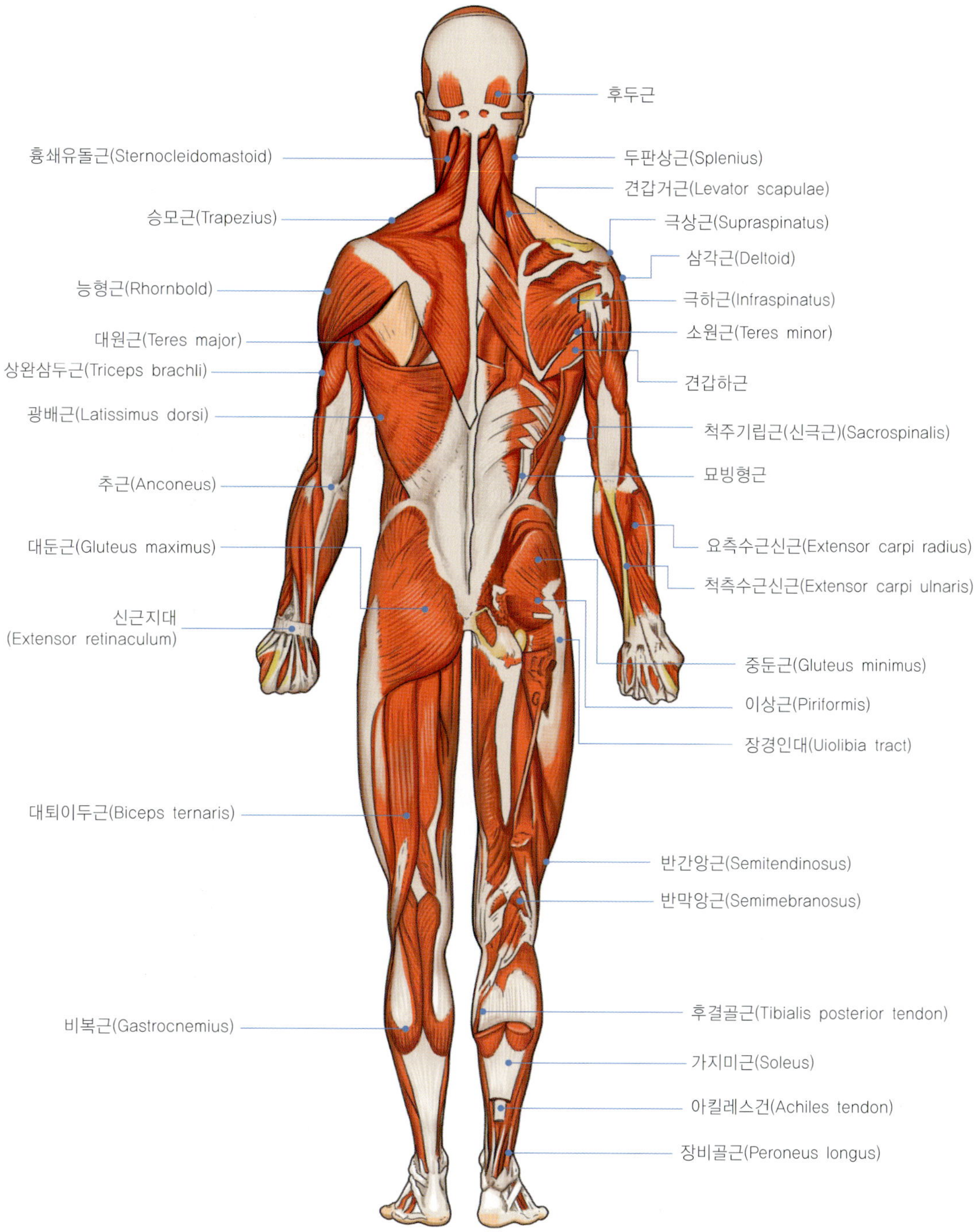

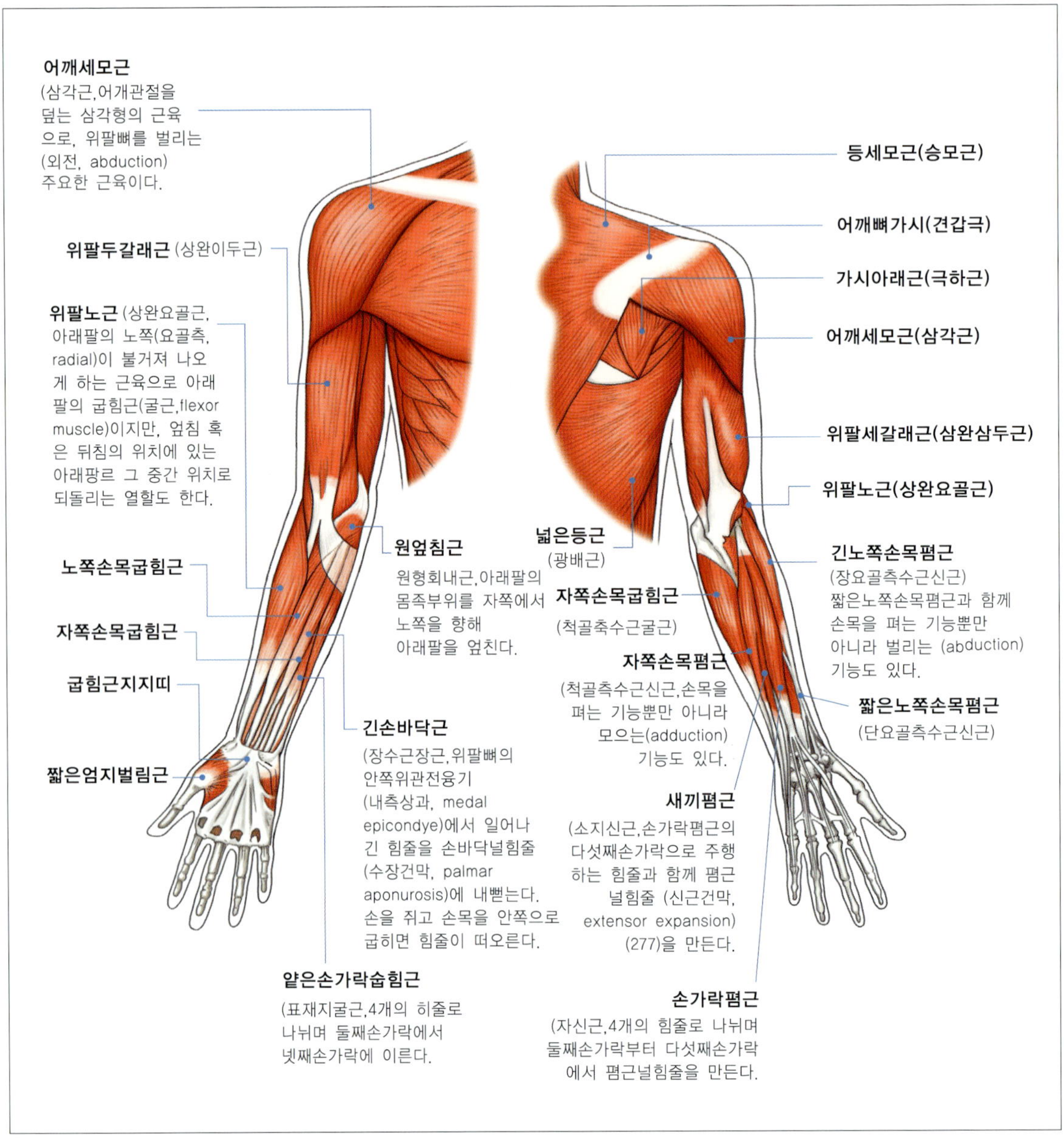
어깨세모근
(삼각근,어깨관절을 덮는 삼각형의 근육으로, 위팔뼈를 벌리는 (외전, abduction) 주요한 근육이다.
위팔두갈래근 (상완이두근)
위팔노근 (상완요골근, 아래팔의 노쪽(요골측, radial)이 불거져 나오게 하는 근육으로 아래팔의 굽힘근(굴근,flexor muscle)이지만, 엎침 혹은 뒤침의 위치에 있는 아래팔르 그 중간 위치로 되돌리는 열할도 한다.
노쪽손목굽힘근
자쪽손목굽힘근
굽힘근지지띠
짧은엄지벌림근
원엎침근
원형회내근,아래팔의 몸족부위를 자쪽에서 노쪽을 향해 아래팔을 엎친다.
긴손바닥근
(장수근장근,위팔뼈의 안쪽위관전융기 (내측상과, medal epicondye)에서 일어나 긴 힘줄을 손바닥널힘줄 (수장건막, palmar aponurosis)에 내뻗는다. 손을 쥐고 손목을 안쪽으로 굽히면 힘줄이 떠오른다.
얕은손가락숩힘근
(표재지굴근,4개의 히줄로 나뉘며 둘째손가락에서 넷째손가락에 이른다.
등세모근(승모근)
어깨뼈가시(견갑극)
가시아래근(극하근)
어깨세모근(삼각근)
위팔세갈래근(삼완삼두근)
위팔노근(상완요골근)
넓은등근
(광배근)
자쪽손목굽힘근
(척골축수근굴근)
긴노쪽손목폄근
(장요골측수근신근) 짧은노쪽손목폄근과 함께 손목을 펴는 기능뿐만 아니라 벌리는 (abduction) 기능도 있다.
자쪽손목폄근
(척골측수근신근,손목을 펴는 기능뿐만 아니라 모으는(adduction) 기능도 있다.
짧은노쪽손목폄근
(단요골측수근신근)
새끼폄근
(소지신근,손가락폄근의 다섯째손가락으로 주행하는 힘줄과 함께 폄근 널힘줄 (신근건막, extensor expansion) (277)을 만든다.
손가락폄근
(자신근,4개의 힘줄로 나뉘며 둘째손가락부터 다섯째손가락에서 폄근널힘줄을 만든다.

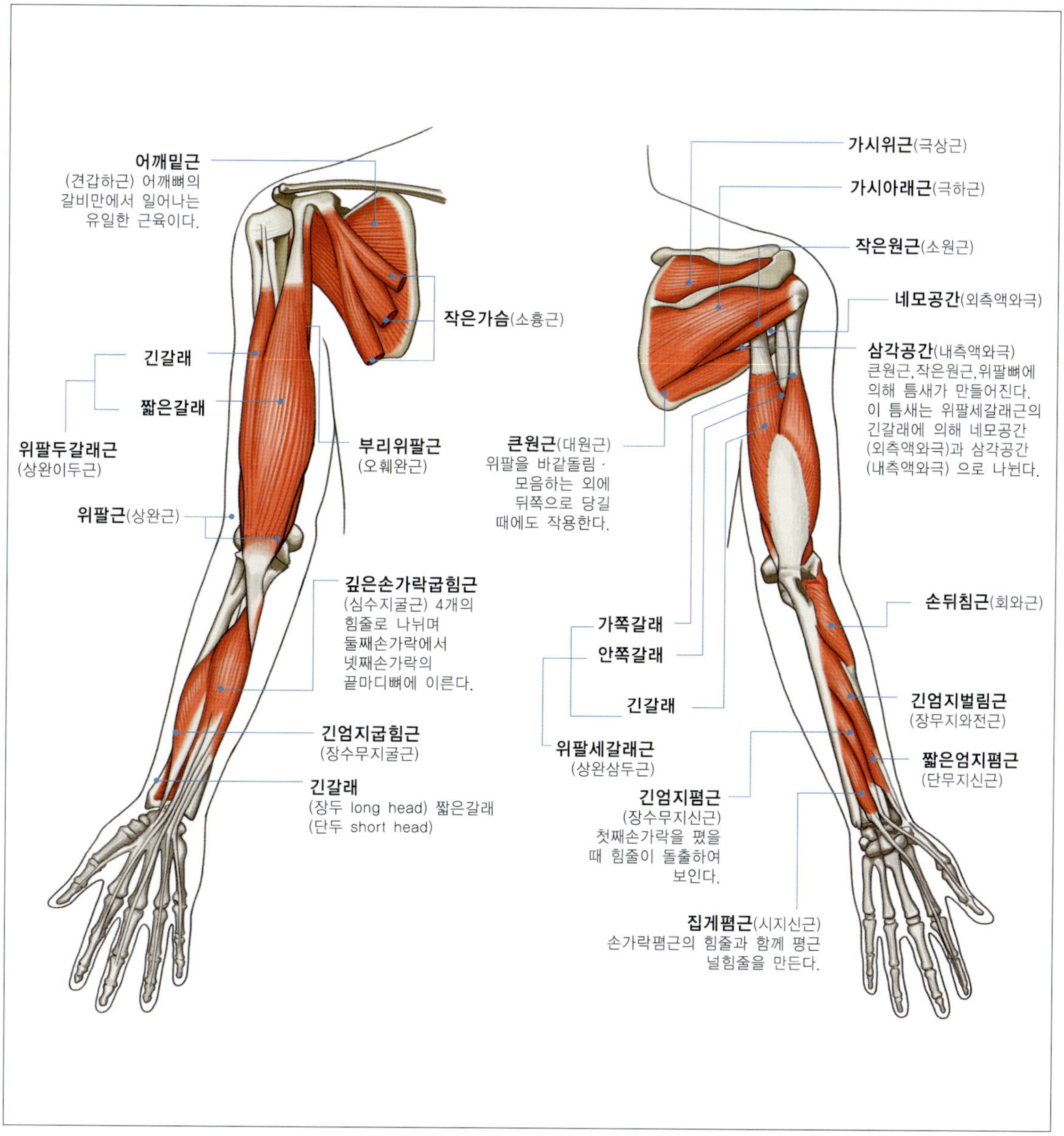
어깨밑근
(견갑하근) 어깨뼈의
갈비만에서 일어나는
유일한 근육이다.
작은가슴(소흉근)
긴갈래
짧은갈래
위팔두갈래근
(상완이두근)
부리위팔근
(오훼완근)
위팔근(상완근)
깊은손가락굽힘근
(심수지굴근) 4개의
힘줄로 나뉘며
둘째손가락에서
넷째손가락의
끝마디뼈에 이른다.
긴엄지굽힘근
(장수무지굴근)
긴갈래
(장두 long head) 짧은갈래
(단두 short head)
가시위근(극상근)
가시아래근(극하근)
작은원근(소원근)
네모공간(외측액와극)
삼각공간(내측액와극)
큰원근, 작은원근, 위팔뼈에
의해 틈새가 만들어진다.
이 틈새는 위팔세갈래근의
긴갈래에 의해 네모공간
(외측액와극)과 삼각공간
(내측액와극) 으로 나뉜다.
큰원근(대원근)
위팔을 바깥돌림 ·
모음하는 외에
뒤쪽으로 당길
때에도 작용한다.
손뒤침근(회외근)
가쪽갈래
안쪽갈래
긴갈래
위팔세갈래근
(상완삼두근)
긴엄지벌림근
(장무지외전근)
짧은엄지폄근
(단무지신근)
긴엄지폄근
(장수무지신근)
첫째손가락을 폈을
때 힘줄이 돌출하여
보인다.
집게폄근(시지신근)
손가락폄근의 힘줄과 함께 평근
널힘줄을 만든다.

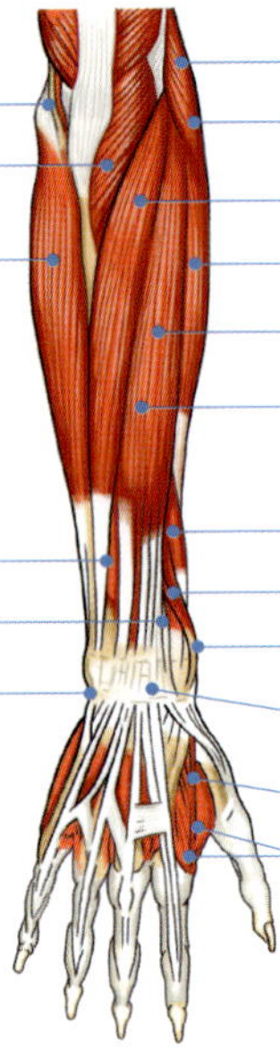
척골신경
주근
척측수근굴근
시지신근
장무지신근
척골신경의 배지
완요골근
장요측수근신근
척측수근신근
단요측수근신근
총지신근
소지신근
장무지외전근
단무지외전근
요골신경의 천지
신근지대
요골동맥
배측골간근

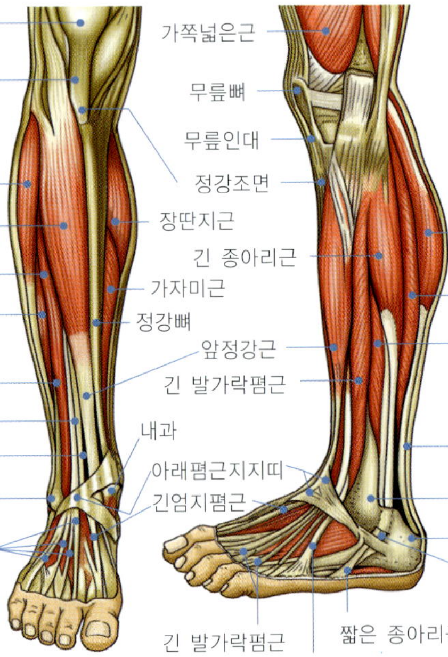
무릎뼈
무릎 인대
장딴지근
앞정강근
긴 종아리근
가자미근
짧은 종아리근
긴 발가락폄근
긴 엄지폄근
외과
긴 발가락폄근
장딴지근
가자미근
정강뼈
내과
아래폄근지지띠
긴엄지폄근
가쪽넓은근
무릎뼈
무릎인대
정강조면
긴 종아리근
앞정강근
긴 발가락폄근
장딴지근
가자미근
짧은 종아리근
아킬레스건
외과
뒤꿈치뼈
긴종아리근
긴 발가락폄근
짧은 종아리근
셋째 종아리근

Section. 4

신경계통
(Nervous system)

신경계는 뉴런이라는 신경세포들로 인체의 내부 및 외부환경의 변화를 탐지하며 이에 따른 신경자극을 분석하고 전달한다. 신경계는 뇌와 척수로 구성되는 중추신경계, 뇌 및 척수에서 나와 전신에 분포하는 말초신경계, 교감신경과 부교감신경으로 구성되는 자율신경계로 나누어져 있다.

1. 중추신경계(Central Nervous System)

뇌와 척수로 구성되어 있으며 감각기관으로부터 전달된 여러 자극을 분석하고 종합하여 판단하고 반응을 조절한다.

2. 말초신경계(Peripheral Nervous System)

중추신경계와 몸의 말단부를 연결하는 신경계로서 12쌍의 뇌신경과 31쌍의 척수신경으로 구성된다.

3. 자율신경계(Autonomic Nervous System)

대뇌의 영향을 거의 받지 않으므로 자신의 의지와 상관없이 우리 몸의 기능을 자율적으로 조절하는 역할을 하며 소화 · 흡수 · 분비 등 생명유지에 필요한 활동을 무의식적으로 조절한다.

Section. 5

순환계통 (Circulatory system)

체내에서 혈액이나 림프액을 만들며 순환시켜 호르몬과 항체, 영양분, 물 등을 수송하고 대사결과 생긴 노폐물을 제거, 산소 및 이산화탄소를 교환하는 기능을 한다.

1. 심장(Heart)

심장은 가슴의 왼쪽에 자리 잡고 있는 근육질로 혈액의 순환작용을 도와주는 기관이다. 심장은 보통 자기의 주먹만한 크기로 가슴 한가운데 흉골을 기준으로 왼쪽에 2/3, 오른쪽으로 1/3에 위치한다.

2. 혈관(Blood Vesseles)

(1) 동맥(Artery)

심장에서 온몸으로 나가는 혈관으로 산소와 영양분이 풍부한 혈액을 운반하며 높은 압력에도 견딜 수 있는 혈관이다.

(2) 정맥(Vein)

몸의 각 부분에서 심장으로 들어오는 혈관으로 동맥보다 얇으며 탄성이 적고 이산화탄소와 노폐물을 많이 함유(역류방지를 위한 판막 존재)한다.

(3) 모세혈관(Capillary)

동맥과 정맥을 연결하는 혈관으로 매우 얇으며 혈액과 조직액 사이에서 영양분, 가스, 노폐물들이 교환되는 막의 기능을 한다.

3. 혈액(Blood)

(1) 혈액의 기능

① **물질의 운반** : 산소와 이산화탄소를 운반, 영양분 · 노폐물 · 호르몬의 운반작용
② **몸의 보호** : 면역물질 함유하여 신체를 보호, 세균으로부터 식균작용을 통해 방어
③ **항상성 유지** : 체액의 pH · 체온 조절
④ **혈액응고 기능** : 피브리노겐의 혈액응고작용으로 혈관파괴에 의한 혈액의 유출 방지

(2) 혈액의 구성

① **적혈구** : 골수에서 생산되며 간 · 비장에서 파괴, 수명이 120일이며 산소와 이산화탄소 운반

② **백혈구** : 질병의 원인이 되는 세균 등을 혈관으로 끌어들여 식균작용을 하며 신체를 방어

③ **혈소판** : 지혈 및 응고 작용

④ **혈장** : 삼투압 및 체온유지, 항체, 혈액응고 기전에 중요한 역할을 함

4. 림프계통(Lymphatic System)

(1) 림프계의 기능

① 림프기관들의 림프구 생산에 의한 신체방어 작용에 관여함

② 혈액의 순환을 돕는 순환계의 일부로 혈액으로부터 유출된 액체를 되돌리는 기능

(2) 림프계의 구성

림프, 림프관, 림프절 등 림프기관과 흉선, 비장, 편도선 등으로 구성된다.

Section. 6

내분비계통 (Endocrine System)

생체의 기능을 조절하는 계통이며 호르몬이나 다른 화학물질을 혈류 속으로 분비해 인체의 성장과 신진대사에 작용하고 신경계와 더불어 인체의 활동을 조절한다.

Section. 7

배설계통 (Excretory System)

인체의 물질 대사 결과로 생긴 노폐물을 체외로 배출시켜 인체를 정화시켜준다.

Section. 8

호흡계통

(Respiratory System)

호흡기계는 공기 중의 산소를 흡입하고 에너지 대사의 결과로 발생한 이산화탄소를 배출하는 기능을 하는 계통이다.

Section. 9

생식계통

(Reproductives System)

남성에서는 정소, 수정관, 음경, 여성에서는 난소, 수란관, 자궁, 질 등의 생식을 담당하는 기관의 총칭으로 생식 세포를 형성하는 생식소, 운반하는 관 등 기관이 모여서 이루어진다.

Section. 10

소화계통
(Alimentary System)

점막, 점막하층, 근육, 장막으로 이루어져 있으며 각각에 동정맥과 림프, 신경이 분포한다. 소화운동, 소화액 분비 및 흡수의 기능을 통해 섭취된 음식물을 흡수 가능한 인자로 만들어 신체 내부로 이동시키는 작용을 한다.

CHAPTER 04 화장품학

Section. 1

화장품학 개론

1. 화장품의 정의

(1) 화장품

인체를 청결, 미화하여 매력을 더하고 용모를 밝게 변화시키기 위해 사용하는 물품으로 피부 혹은 모발을 건강하게 유지 또는 증진하기 위해 사용된다. 인체에 대한 작용이 경미한 것을 말하며 단, 의약품에 해당되는 물품은 제외한다.

의약품의 정의

인체에 이상이 생겼을 때 치료 또는 정상으로 복귀시킬 때 필요한 물품

(2) 기능성 화장품

주름, 미백기능 등 특별한 기능을 가진 화장품이며 총리령으로 정하는 화장품이다.

2. 화장품의 분류

(1) 용도에 따른 분류

분류		종류
기초 화장품	세안 세정, 청결	클렌징 폼, 페이셜 스크럽, 클렌징 크림, 클렌징 로션, 클렌징 워터, 클렌징 젤
	피부정돈	화장수, 팩, 마사지 크림, 모이스처 크림
	피부보호	로션, 크림, 에센스, 화장유
메이크업 화장품	베이스 메이크업	메이크업 베이스, 파운데이션, 파우더
	포인트 메이크업	립스틱, 블러셔, 아이라이너, 마스카라, 아이섀도, 네일에나멜
인체 세정용	세정	폼 클렌저, 바디 클렌저, 액체 비누, 외음부 세정제
네일 화장품	네일보호, 색채	베이스코트, 언더코트, 네일 폴리시, 네일 에나멜, 탑 코트, 네일 크림 · 로션 · 에센스, 네일 폴리시 · 네일 에나멜 리무버
모발 화장품	세발용	샴푸, 린스
	정발용	헤어오일, 헤어로션, 헤어크림, 헤어스프레이, 헤어무스, 헤어젤, 헤어 리퀴드
	트리트먼트용	헤어트리트먼트, 헤어팩, 헤어블로우, 헤어코트
	양모용	헤어토닉
방향 화장품	향취	퍼퓸, 오데퍼퓸, 오데토일렛, 오데코롱, 샤워코롱

Section. 2

화장품의 종류와 기능

1. 기초 화장품

1 기능

세안, 피부 정돈, 피부 보호의 기능이 있다.

2 종류

구분	특징
세안	클렌징 폼, 클렌징 오일, 클렌징 크림, 클렌징 로션, 클렌징 워터, 클렌징 젤
피부 정돈	화장수, 팩, 마사지 크림
피부 보호	로션, 크림, 에센스, 화장유

3 세안용 화장품

피부의 노폐물 및 화장품의 잔여물 제거한다.

세안용 화장품의 구비조건 : 안전성, 용해성, 기포성, 자극성

4 피부 정돈용 화장품

(1) 화장수

① **주요 기능** : 정제수 · 에탄올 · 보습제를 기본으로 만들어지며 피부에 남은 클렌징 잔여물 제거 작용, 피부의 pH밸런스 조절 작용, 피부 진정 또는 쿨링 작용

② 종류

구분	특징
유연 화장수	다음단계에 사용할 화장품의 흡수를 용이하게 하고 보습제와 유연제 함유
수렴 화장수	각질층에 수분 공급, 모공 수축 및 피지 분비 억제 작용 원료 : 알코올, 습윤제, 물, 알루미늄, 아연염, 멘톨

(2) 팩

① **주요 기능** : 피부에 피막을 형성하여 수분 증발 억제, 피부 온도 상승에 따른 혈액순환 촉진, 유효성분의 침투를 용이하게 함, 노폐물 제거 및 청결 작용

(3) 제거 방법에 따른 분류

구분	특징
필오프 타입 (Peel-off type)	팩이 건조된 후 형성된 투명한 피막을 떼어내는 형태 오염물 및 죽은 각질 제거 작용
워시오프 타입 (Wash-off type)	팩 도포 후 일정 시간이 지나 미온수로 닦아내는 형태 머드팩, 클레이, 젤 형태
티슈오프 타입 (Tissue-off type)	거즈나 티슈로 닦아내는 형태 사용감이 부드럽고 보습효과가 우수해 민감성 피부에 적합
시트 타입 (Sheet type)	시트를 얼굴에 올려놓았다가 제거하는 형태 콜라겐, 벨벳 마스크, 시트 마스크
패치 타입	패치를 부분적으로 붙인 후 떼어내는 형태

5 피부 보호용 화장품

(1) 로션

① 피부에 수분과 영양분 공급

② **구성** : 60~80%의 수분과 30% 이하의 유분

(2) 크림

① 세안 시 소실된 천연 보호막을 보충하여 피부를 촉촉하게 하고 피부를 보호

② 피부의 생리기능을 도움

③ 유효성분들로 피부의 문제점 개선

(3) 에센스

① 피부 보습 및 노화억제 성분들을 농축해 만든 것

② 피부에 수분과 영양분 공급

2. 메이크업 화장품

1 베이스 메이크업

구분	특징
메이크업 베이스	• 파운데이션의 밀착성을 높여줌 • 색소 침착 방지 • 색상별 피부 (녹색-붉은 피부, 핑크색-창백한 피부, 흰색-어둡고 칙칙해 보이는 피부, 보라-노란 피부, 파랑-잡티가 있는 피부)
파운데이션	• 밀착성 높여 지속성과 들뜸을 방지 • 주근깨, 기미 등 피부의 결점 커버하고 색상을 조절 • 자외선 차단
파우더	• 피부의 번들거림 방지 • 다양한 색감과 화사함 부여 • 땀, 피지의 분비 억제

2 포인트 메이크업

구분	특징
립스틱	• 건조나 안색을 조정 • 입술에 색채감 및 입체감 부여
아이라이너	• 눈의 윤곽에 따라 눈매 연출
아이섀도	• 눈꺼풀에 색감을 주어 입체감을 살려 표정을 풍부하게 하는 효과
마스카라	• 속눈썹이 짙고 길어 보이게 하는 효과
블러셔	• 윤곽과 음영을 통해 입체적 표현과 혈색을 표현

3. 모발 화장품

구분	특징
세정제	샴푸, 린스
정발제	헤어 크림, 헤어 로션, 헤어 오일, 포마드, 헤어 스프레이 · 무스 · 왁스 · 젤
트리트먼트제	헤어 트리트먼트, 헤어 팩, 헤어 코트
양모제	헤어 토닉
염모제	영구 염모제, 반영구 염모제, 일시 염모제

4. 바디 관리 화장품

구분	특징
세정제	• 몸의 이물질을 제거하고 청결하게 해주는 화장품 • 종류 : 비누, 바디 샴푸 등
보습제	• 샤워 후 피부가 건조해지는 것을 막고 촉촉하게 해주는 화장품 • 종류 : 바디 로션, 바디 크림, 바디 오일 등
일소용(선텐)	• 피부를 곱게 태워주고 피부가 거칠어지는 것을 방지하는 화장품 • 종류 : 선탠용 젤 · 크림 · 리퀴드 등
자외선 차단제	• 햇볕에 타는 것을 방지하고 자외선으로부터 피부를 보호하는 화장품 • 종류 : 선스크린 젤, 선스크린 크림, 선스크린 리퀴드 등
방향제	• 체취 방지 및 향균 기능 화장품 • 종류 : 데오드란트

5. 네일용 화장품

구분	특징
베이스코트	에나멜이 착색되거나 변색되는 것을 방지하며 폴리시를 바르기 전에 바름
네일 팔리쉬	손톱에 바르는 유색 화장제로 손톱에 광택과 색채 부여
탑코트	네일 에나멜의 피막 위에 도포하여 광택 부여
큐티클 오일	큐티클을 정리하기 전에 큐티클을 부드럽게 해주는 유연제
네일 크림 · 로션	네일에 유분과 수분을 보충하여 네일을 보호하고 네일 주위의 피부를 유연하게 해주는 제품
네일 보강제	자연 네일에 사용하는 보강제
글루	네일 팁이나 랩을 접착할 때 사용
글루 드라이어	글루나 젤을 빨리 건조시켜 주고 접착력을 강화시키는 제품

6. 향수

(1) 좋은 향수의 조건

① 향의 특징이 있을 것
② 향의 지속성이 강할 것
③ 아름답고, 세련되며 격조 높은 향이어야 할 것
④ 향의 조화가 잘 이루어질 것

(2) 향수의 분류

① 농도에 따른 향수의 분류

구분	부향률	지속시간	특징
퍼퓸	15~30%	6~7시간	향이 오래 지속되며 풍부하고 가격이 비쌈
오데퍼퓸	09~12%	5~6시간	퍼퓸보다는 지속성이나 부향률이 떨어지지만 경제적
오데토일렛	06~08%	3~5시간	일반적으로 가장 많이 사용, 고급스럽고 상쾌한 향
오데코롱	03~05%	1~2시간	가볍고 신선해 향수를 처음 사용하는 사람에게 적합
샤워코롱	01~03%	약 1시간	샤워 후 가볍게 뿌려주는 향수

② 향수의 발산 속도에 따른 분류

구분	특징
탑 노트	휘발성이 강한 향료, 향수의 첫 느낌
미들 노트	알코올이 날아간 다음 나타나는 변화된 중간향
베이스 노트	마지막까지 은은하게 유지되는 향으로 휘발성이 낮은 향료

(3) 천연향의 추출 방법

분류		특징
증류법		• 가장 오래된 방법으로 많이 이용되고 있으며 고온에서 추출하므로 열에 불안정한 분이 파괴되는 단점이 있음
압착법		• 열매의 껍질이나 내피를 기계로 압착하여 추출
용매 추출법	휘발성	• 에테르, 핵산 등의 휘발성 유기용매를 이용해서 낮은 온도에서 추출하는 방법 • 에센셜 오일을 추출할 때 사용
	비휘발성	동·식물의 지방유를 이용한 추출법

7. 기능성 화장품

1 피부 미백제

(1) 기능

① 피부에 멜라닌 색소 침착 방지

② 기미, 주근깨 등의 생성 억제

(2) 성분

알부틴, 코직산, 비타민C 유도체, 닥나무 추출물, 뽕나무 추출물, 감초 추출물이 있다.

(3) 메커니즘

① 자외선 차단

② 도파(DOPA) 산화 억제

③ 멜라닌 합성 저해

④ 티로시나아제 효소의 활성 억제

2 피부 주름 개선제

(1) 기능

① 피부에 탄력을 주어 피부의 주름을 완화 또는 개선

(2) 성분 : 레티놀, 아데노신

3 피부 주름 개선제

(1) 기능

① 강한 햇볕을 방지하여 피부를 곱게 태워주며 자외선을 차단 또는 산란시켜 자외선으로부터 피부 보호

(2) 자외선 차단제 종류에 따른 특징

구분	자외선 산란제	자외선 흡수제
특징	• 물리적인 산란작용 이용 • 발랐을 때 불투명	• 화학적인 흡수작용 이용 • 발랐을 때 투명
장점	• 자외선 차단율이 높음	• 촉촉하고 산뜻하며, 화장이 밀리지 않음
단점	• 백탁현상	• 피부에 자극을 줄 수 있음

자외선 차단지수(SPF, Sun Frotection Factor)

SPF-자외선 차단제품을 바른 피부의 최소 홍반량/자외선 차단제품을 바르지 않은 외부의 최소 홍반량

- UV-B 방어효과를 나타내는 지수
- 수치가 높을수록 자외선 차단지수가 높음
- 피부의 멜라닌 양과 자외선에 대한 민감도에 따라 효과가 달라질 수 있음
- 평상시에는 SPF 15가 적당하며, 여름철 야외활동이나 겨울철 스키장에서는 SPF 30 이상의 제품 사용

CHAPTER

05

네일 샵 위생관리

Section. 1

소독일반

1. 용어 정의

① **소독** : 병원성 미생물의 생활력을 파괴하여 죽이거나 또는 제거하여 감염력을 없애는 것

② **멸균** : 병원성 또는 비병원성 미생물 및 포자를 가진 것을 전부 사멸 또는 그 포자까지 멸균시키는 것(무균상태)

③ **살균** : 생활력을 가지고 있는 미생물을 여러 가지 이학적, 화학적 소독법에 의해 급속히 죽이는 것

④ **방부** : 병원성 미생물의 발육과 그 작용을 억제하거나 정지시켜서 음식물의 부패나 발효를 방지하는 것

2. 소독제 및 소독작용

(1) 소독제의 구비조건

① 물품의 부식성과 표백성이 없어야 할 것
② 효과가 빠르고, 살균 소요시간이 짧을 것
③ 인체에 무해, 무독하여 안전성이 있어야 할 것
④ 원액 혹은 희석된 상태에서 화학적으로 안정할 것
⑤ 살균력이 강할 것
⑥ 용해성이 높을 것
⑦ 경제적이고 사용이 간편할 것

(2) 소독작용에 영향을 미치는 요인

온도가 높을수록 접속시간이 길수록 농도가 높을수록 유기물질이 적을수록 소독 효과가 크다.

(3) 소독약 사용 및 보존 시 주의사항

① 서늘하고 건조한 곳에 보관하며 뚜껑이 있는 것을 사용
② 소독대상물품에 적당한 소독약과 소독방법을 선정
③ 병원미생물의 종류, 저항성 및 멸균, 소독의 목적에 의해서 그 방법과 시간을 고려

Section. 2

물리적 소독법

1. 건열 멸균법

(1) 화염 멸균법

① 화염 불꽃 속에 20초 이상 접촉시켜 표면의 미생물을 멸균시키는 방법

② 금속류, 유리기구, 이 · 미용 도구, 도자기류, 바늘 등을 소독

(2) 소각법

① 불에 태워 멸균시키는 방법

② 제1군 감염병 환자의 배설물 등을 처리하는 가장 적합한 방법

(3) 건열 면균법

① 건열멸균기(dry oven)에서 165~170℃의 고온으로 1~2시간 동안 멸균하는 방법

② 유리기구, 금속기구, 자기제품, 주사기, 분말 등의 멸균에 이용

2. 습열 멸균법

(1) 자비(열탕)소독법

① 100℃ 끓는 물속에서 15~20분간 가열하는 방법

② 유리제품, 소형기구, 스테인리스 용기, 도자기, 수건 등의 소독법으로 적합

③ 소독효과를 높이기 위해 석탄산(5%) 혹은 크레졸(3%)을 첨가

④ 아포형성균, B형 간염 바이러스에는 부적합 함

(2) 유통증기 멸균법

① 100℃의 증기로 30~60분간 멸균시킨 다음 20℃ 이상의 실온에서 24시간 방치하는 방법을 3회 반복하는 멸균법

② 포자 완전 멸균

(3) 증기 멸균법

① 물이 끓을 때 생기는 수증기를 이용하여 병원균을 멸균시키는 방법

② 100℃에서 30분간 처리

(4) 고압증기 멸균법

① 고압증기 멸균기를 이용하여 소독하는 방법

② 소독 방법 중 완전 멸균으로 가장 빠르고 효과적인 방법

③ 포자형성균의 멸균에 가장 효과적

④ 의료기구, 유리기구, 금속기구, 의류, 고무제품, 미용기구, 무균실 기구, 약액 등에 사용

(5) 저온 살균법

① 62~63℃에서 30분간 처리

② 포자를 형성하지 않은 결핵균, 살모넬라균, 소유산균 등의 멸균에 효과적

③ 파스퇴르가 발명

(6) 초고온 순간 멸균법

① 130~150℃에서 0.75~2초간 가열 후 급랭하는 방법

② 우유의 내열성 세균의 포자를 완전 사멸하는 방법

(7) 무가열 멸균법

종류	특징
일광 소독법	• 태양광선 중의 자외선을 이용하는 방법 • 의류, 침구류, 거실 등의 소독
자외선 살균법	• 공기, 물, 식품, 기구, 식기류 등의 소독 • 자외선은 260~280nm에서 살균력이 가장 강함
방사선 살균법	• 코발트나 세슘 등의 감마선을 이용한 방법 • 포장 식품이나 약품의 멸균 등에 이용
초음파 멸균법	• 8,800c/s의 음파로 강력한 교반작용을 이용한 미생물 살균 방법

(8) 여과 멸균법

① 열이나 화학약품을 이용할 수 없을 때 여과기를 이용하여 세균을 제거하는 방법

② 혈청이나 약제, 백신 등 열에 불안정한 액체의 멸균에 주로 이용되는 멸균법

Section. 3

화학적 소독법

1 석탄산(페놀)

승홍수 1,000배의 살균력이며 안정성이 높고 화학적 변화가 적지만 금속 부식성이 있다. 고무제품, 의류, 가구, 배설물 소독, 넓은 지역의 방역용 소독제로 적합하나 세균포자나 바이러스에는 작용력이 없다. 또한, 3% 농도의 석탄산에 97%의 물을 혼합하여 사용한다.

2 크레졸

페놀화합물로 3%의 수용액을 주로 사용(손 소독에는 1~2%)하며 석탄산에 비해 2배의 소독력을 가진다. 손, 오물, 배설물 등의 소독 및 이 · 미용실의 실내소독용으로 사용한다.

3 역성비누

이온 계면활성제의 일종으로 세정력은 거의 없으며 살균작용이 강하다. 수지, 기구, 식기 및 손 소독 등에 사용된다.

4 에탄올(에틸알코올)

70%의 에탄올이 살균력이 가장 강력하며 포자 형성 세균에는 살균효과가 없다. 칼, 가위, 유리제품 등의 소독에 사용된다.

5 포르말린

포름알데히드 36% 수용액으로 약물소독제 중 유일한 가스 소독제, 온도가 높을수록 소독력이 강하다. 무균실, 병실, 거실 등의 소독 및 금속제품, 고무제품, 플라스틱 등의 소독에 적합하다.

6 승홍(염화 제2수은)

1,000배(0.1%)의 수용액을 사용하며 금속 부식성이 있어 금속류의 소독에는 적당하지 않다. 상처가 있는 피부에는 적합하지 않으며 무색, 무취이며, 맹독성이 강하므로 보관에 주의해야 한다. 승홍(1) : 식염(1) : 물(998)의 혼합액을 사용하며 염화칼륨 또는 식염을 첨가하면 용액이 중성으로 변하여 자극성이 완화된다. 손 및 피부 소독에 적합하다.

7 염소

살균력은 강하며, 자극성과 부식성이 강해 상수 또는 하수의 소독에 주로 이용하며 세균 및 바이러스에도 작용한다.

8 과산화수소

3% 과산화수소 수용액을 사용하고 피부 상처 부위나 구내염, 인두염 및 구강세척제 등에 사용된다. 일반세균, 바이러스, 결핵균, 진균, 아포에 모두 효과적이다.

9 생석회

산화칼슘을 98%이상 함유한 백색의 분말이며 화장실 분변, 하수도 주위의 소독에 주로 사용된다.

MEMO

Section. 4

대상물에 따른 소독방법

대상물 종류	소독법
대소변, 배설물, 토사물	소각법, 석탄산, 크레졸, 생석회 분말, 자비소독
침구류, 모직물, 의류	석탄산, 크레졸, 일광소독, 증기소독, 자비소독
초자기구, 목죽제품, 자기류	석탄산, 크레졸, 승홍, 포르말린, 증기소독, 자비소독
모피, 칠기, 고무, 피혁제품	석탄산, 크레졸, 포르말린
손소독(네일리스트)	석탄산, 승홍, 역성비누, 약용비누
숍(실)내 소독	석탄산, 크레졸

Section. 5

미용기구의 소독방법

① 시술용 테이블은 70% 에탄올로 깨끗이 닦기

② 가위는 70% 에탄올을 사용하며 고압증기 멸균기 사용 시에는 소독 전에 수건으로 이물질을 제거한 후 거즈에 싸서 소독하기

③ **니퍼, 랩 가위, 메탈 푸셔** : 70%의 에탄올에 20분간 담갔다가 흐르는 물에 헹구고 마른 수건으로 닦은 후 자외선 소독기에 보관하면서 사용하기

④ 핑거볼은 1회용을 사용하거나 소독 후 사용하기

⑤ 타월은 1회용을 사용하거나 소독 후 사용하기

⑥ 가운은 사용 후 세탁 및 일광 소독 후 사용하기

PART 3

실 기

CHAPTER

01 네일 미용개론

Section. 1

네일 도구 및 기구와 재료

(1) 큐티클 니퍼(Cuticle nipper)

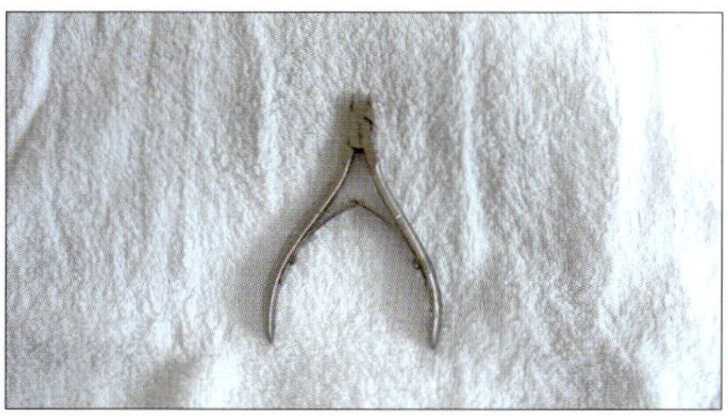

네일 주위의 큐티클(거스러미, 굳은 살)을 정리할 때 사용하며 네일 도구 중 감염이 가장 쉬운 도구이므로 철저한 위생관리가 필요하다.

니퍼를 잡을 때 니퍼의 날과 큐티클이 평행하게 잡아야 큐티클 제거 시 거스러미가 덜 생기고 상처를 예방할 수 있다.

(2) 푸셔(Metal pusher)

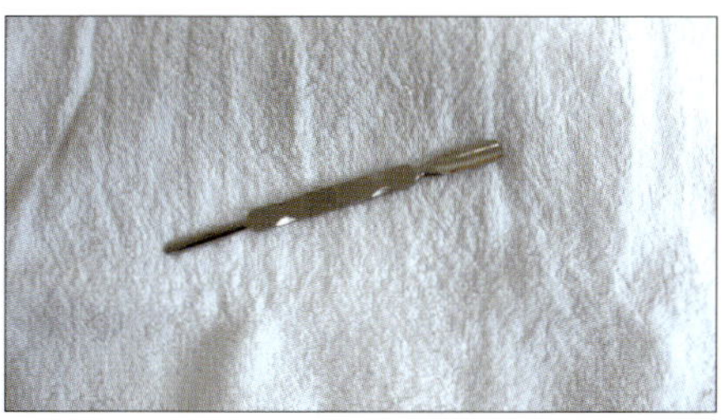

큐티클을 밀어 올릴 때 사용하며 45° 각도로 연필 잡 듯이 잡아주며 힘을 주어 큐티클을 밀어 올리게 되면 손톱 표면이 손상될 수 있으므로 주의한다.

(3) 네일 클리퍼(Nail clipper)

손톱과 인조손톱의 길이 조절을 할 때 사용된다.

(4) 팁 커터(Tip cutter)

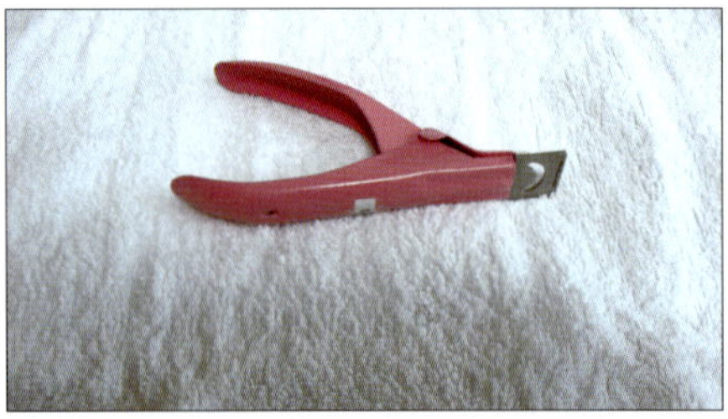

인조 팁의 길이를 자르는데 사용된다.

(5) 실크 가위(Silk scissors)

실크, 린넨, 파이버글라스 등 천으로 만들어진 랩을 재단하는데 사용된다.

(6) 콘 커터(Con cutter)

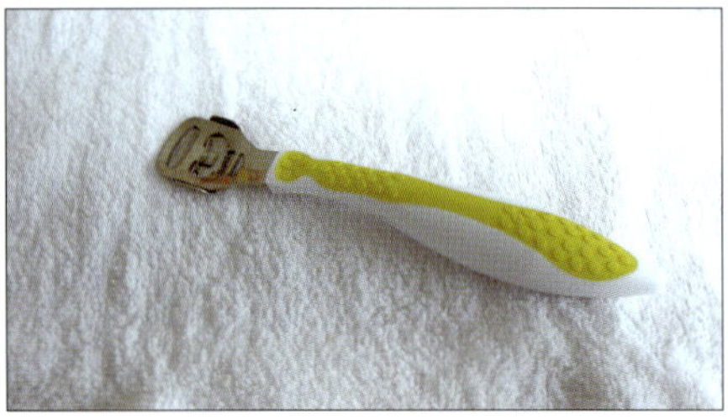

발바닥의 굳은살을 제거할 때 사용되며 날에 살이 패이지 않도록 주의한다.

(7) 페디 파일(Pedi file)

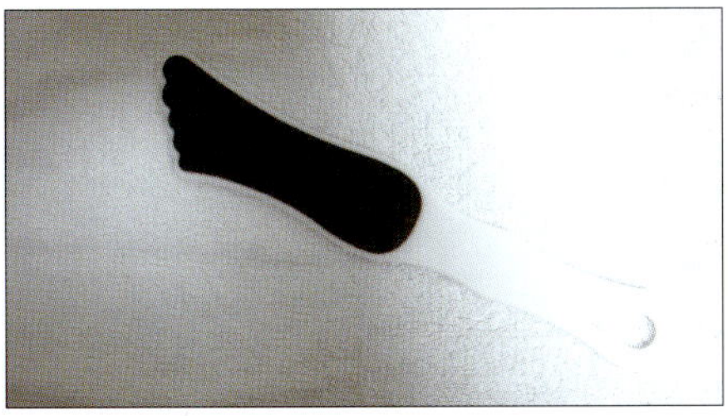

발바닥의 각질을 제거할 때 사용하며 콘 커터 사용 후 사용하면 더욱 효과적이다.

(8) 네일 브러시(Nail brush)

파일링 후에 먼지를 털어 내거나 찌꺼기를 제거할 때 사용된다.

(9) 핑거볼(Finger bowl)

습식 매니큐어 시 손 끝의 큐티클을 불리기 위해 손가락을 담그는 용기이다.

(10) 디펜디시(Dappen dish)

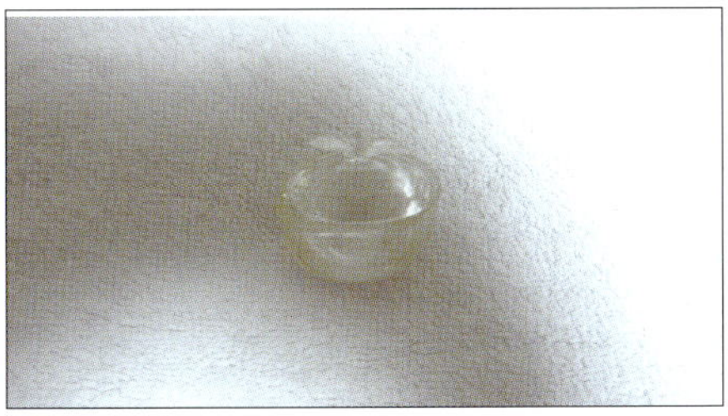

아크릴 파우더 또는 아크릴 리퀴드 등을 덜어 쓰는 용기이다.

(11) 라운드패드(Round pad)

디스크 패드라고도 하며 파일링 후에 조구 내 거스러미를 제거하는데 사용한다.

(12) 파일(File)

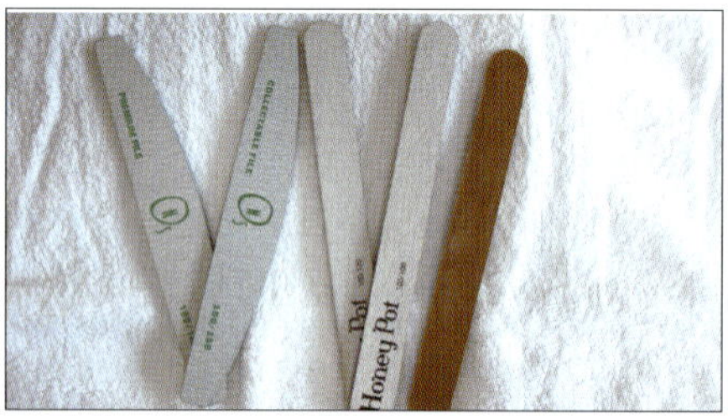

자연 네일을 제외한 인조 네일이나 연장시킨 네일의 모양 또는 길이를 변경할 때 사용된다.

(13) 샌딩블럭(Sanding block)

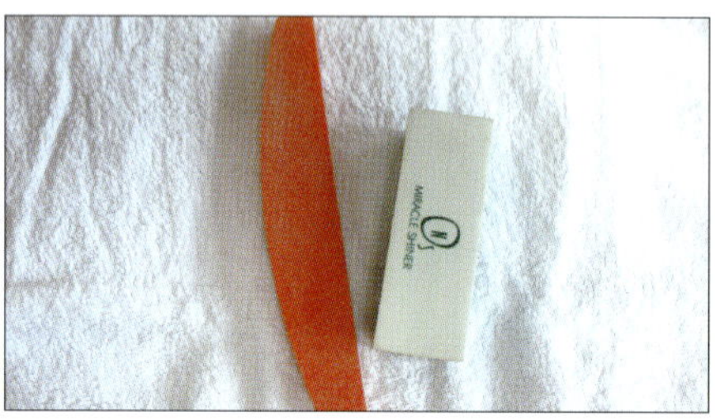

네일 표면을 매끄럽게 정리하거나 네일 시술 시 글루나 젤을 바른 후에 표면을 정리할 때 사용한다.

(14) 솜(Cotton)

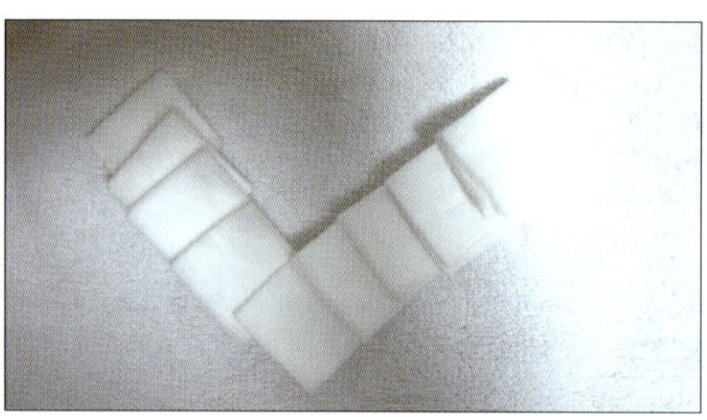

네일 칼라를 지울 때나 손톱 표면의 유분기를 제거할때 솜에 네일 리무버를 묻혀 사용되는 등 다양한 용도로 사용된다.

(15) 네일 에나멜(Nail enamel)

폴리쉬(Polish), 컬러(Color) 라고도 하며 손톱에 바르는 유색화장제이다.

(16) 베이스 코트(Base coat)

에나멜을 바르기 전 손톱 표면에 바르는 것으로 손톱이 변색되지 않고 오염되지 않도록 방지하며 에나멜이 잘 부착되도록 도와주는 역할을 한다.

(17) 탑 코트(Top coat)

에나멜을 바른 후 마지막 단계에 발라 주는 것으로 에나멜의 광택을 더해주며 색상의 지속력을 높이고 보호하는 역할을 한다.

(18) 큐티클 오일(Cuticle oil)

큐티클의 연화를 도우며 손톱표면의 광택을 내기 위해 사용된다.

(19) 로션(Lotion)

손이나 발을 마사지 할 때 사용된다.

(20) 지혈제(Styptic)

네일 시술 시 출혈을 멈추게 하기 위해 발라주며 소독과 지혈효과가 있다.

(21) 알코올(Alcohol)

소독용 에탄올로서 기구 소독이나 손, 발을 소독할 때 사용된다.

(22) 안티셉틱(Anticeptic)

피부 소독제로 시술 전에 시술자와 고객의 손을 소독할 때 사용된다.

(23) 리무버(Remover)

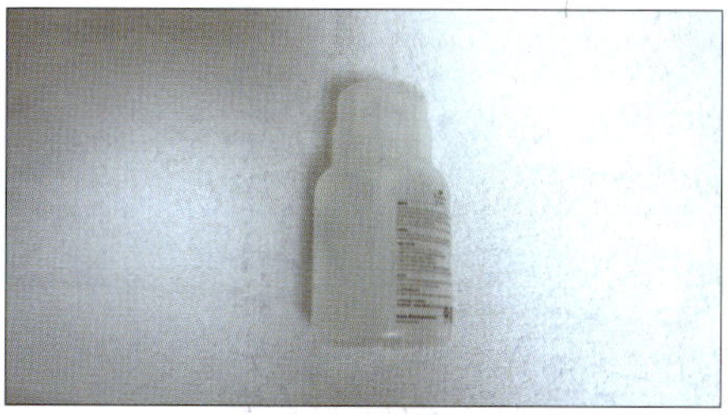

아세톤(Aceton)과 비아세톤(Non aceton)이 있으며 아세톤은 인조손톱을 제거할 때 사용되며 비아세톤은 에나멜을 제거할 때 주로 사용된다.

(24) 광택 파일(2-way or 3-way file)

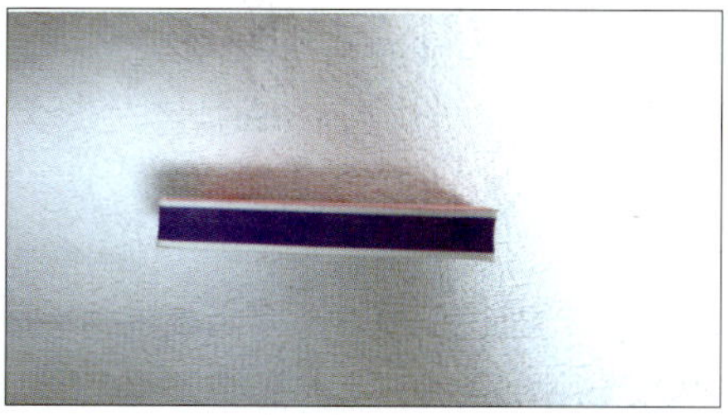

강도가 다른 여러 면을 가지고 있으며 표면이 거친 것부터 부드러운 것 순으로 사용되며 손톱 표면에 광택을 낼 때 사용된다.

(25) 글루(Glue)

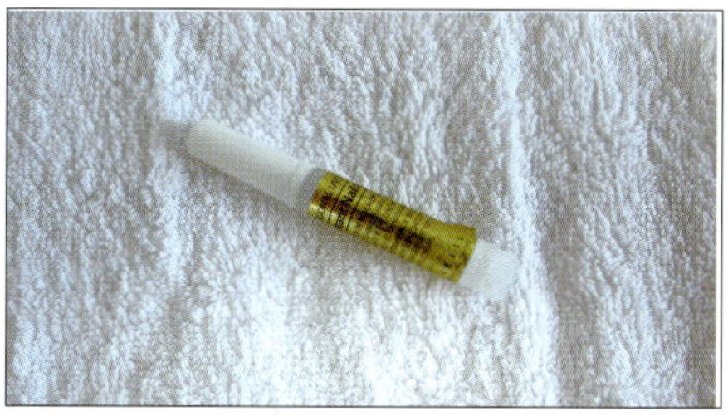

팁이나 랩을 접착할 때 사용되며 손톱 전용 본드이다.

(26) 젤(Gel)

글루보다 접착력이 뛰어나며 브러시 타입과 튜브 타입이 있다. 브러시 타입의 젤은 인조 팁을 접착시킬 때나 마무리할 때 사용되며 튜브 타입의 젤은 스톤, 파츠 등을 붙일 때 주로 사용된다.

(27) 실크

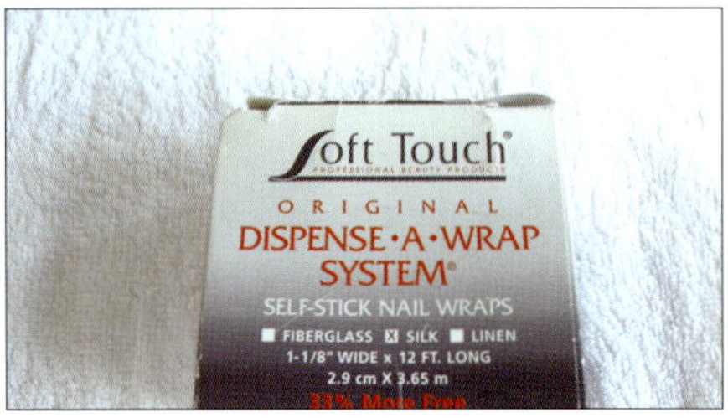

손톱이 갈라지거나 찢어졌을 때 보수하는 목적으로 사용되며 손톱의 길이를 연장하거나 네일 팁을 보강하기 위해도 사용된다.

(28) 필러 파우더(Filler powder)

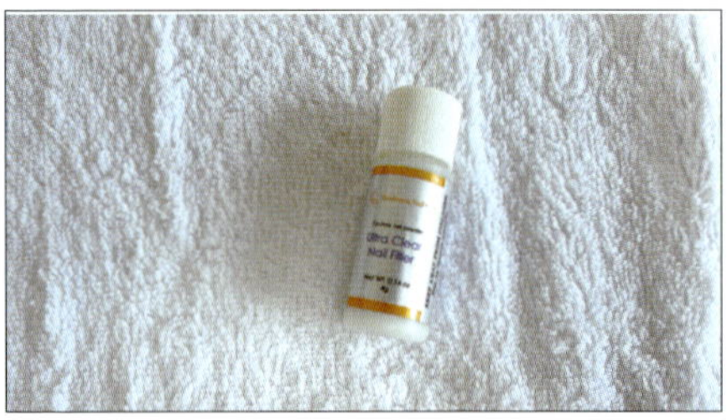

랩이나 네일 팁이 갈라졌을 때 떨어져 나간 부분을 대신 채울 때 혹은 실크로 인조 팁을 연장할 때 주로 사용된다.

(29) 네일 팁(Nail tip)

자연 네일에 접착하여 길이를 연장할 때 사용되는 인조 네일이며 플라스틱, 아세테이트, 나일론 등의 소재로 이루어져 있다.

(30) 글루 드라이어(Glue dryer)

글루나 젤을 빨리 건조시켜주며 접착력을 강화시키기 위해 사용되며 너무 가까이 분사하면 뜨거울 수 있으므로 사용 시 10~15cm의 거리를 유지해서 분사하는 것이 좋다.

(31) 아크릴 리퀴드(Acrylic liquid)

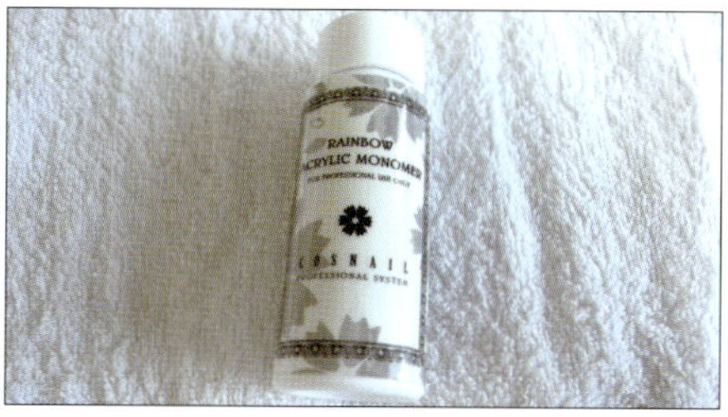

아크릴 모노머라고도 하며, 아크릴 파우더의 반죽액으로 사용된다.

(32) 브러시 클리너(Brush cleaner)

아크릴 시술 후 아크릴 브러시에 묻은 이물질을 제거할 때 사용된다.

(33) 폼(Form)

아크릴 파우더를 이용하여 인조 손톱을 연장할 때 지지대로 사용된다.

(34) 아크릴 파우더(Acrylic powder)

핑크, 화이트, 클리어 파우더는 주로 손톱길이를 연장할 때 많이 사용되며 팁 연장 후 표면을 보강하거나 인조 네일을 익스텐션할 때 사용된다.

(35) UV 젤(UV gel)

인조 팁 위 또는 자연 네일 위에 올리거나 연장할 때 사용된다.

(36) 젤 클리너(Gel cleaner)

젤 큐어링 후에 표면에 남아있는 미경화젤을 경화시켜주기 위해 사용되며 표면을 닦아 완전히 굳혀주는 제품이다.

(37) 프라이머(Primer)

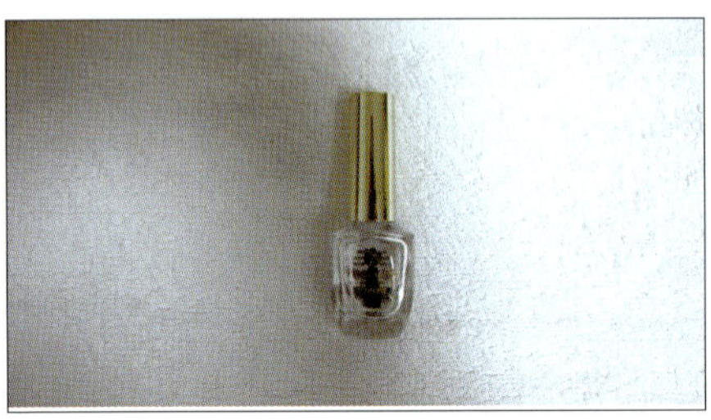

아크릴 또는 젤이 자연 네일에 잘 접착이 되도록 발라주는 촉매제이다. pH발란스를 맞추어 주는 역할도 한다.

(38) 젤 본더(Gel bonder)

젤이 자연 손톱에 잘 접착되도록 하는 촉매제이다.

(39) 탑 젤(Top gel)

젤 시술 뒤 손톱 표면에 발라 코팅막을 형성해주며 지속력을 강화시켜주는 역할을 한다.

(40) 아크릴 브러시(Acrylic brush)

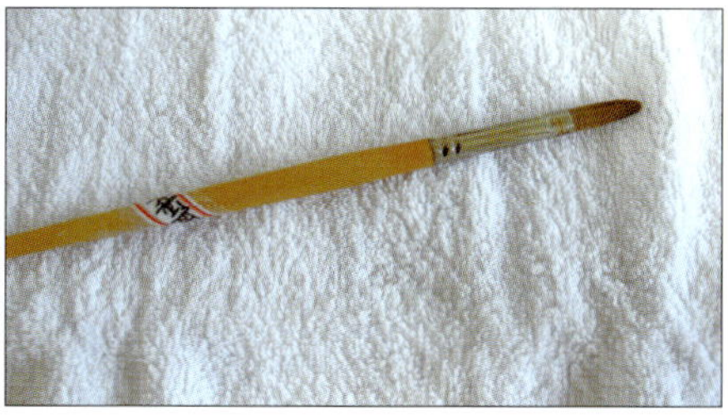

아크릴 파우더와 리퀴드를 믹싱하여 볼을 만들 때 사용한다.

(41) 젤 브러시(Gel brush)

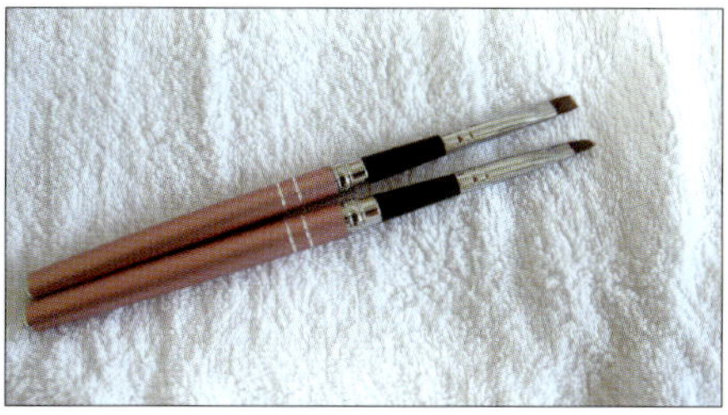

젤을 이용해 오버레이, 익스텐션 등을 할 때 사용되는 젤 전용 브러시로 주로 스퀘어나 오벌 형태로 되어진 것을 많이 사용한다.

(42) 토우 세퍼레이터(Toe seperator)

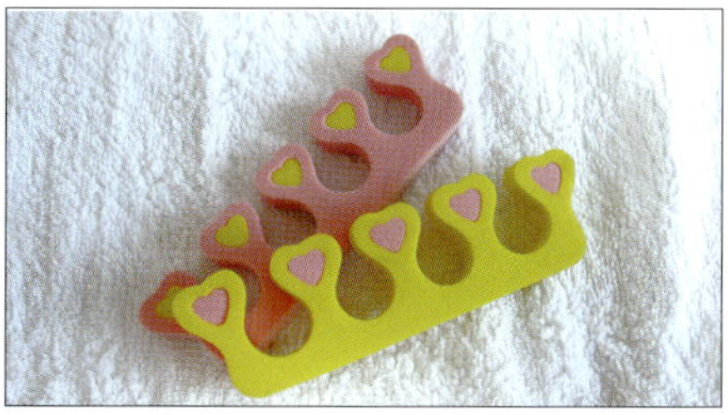

페디큐어 시술 시 발가락이 서로 닿지 않도록 발가락을 벌려주도록 고정시켜주는 역할을 한다.

2. 손톱 모양 & 파일링

1 파일의 종류

손톱의 길이나 모양을 잡을 때 사용되며 파일의 거칠기 정도에 따라 거친 것(주로 인조 손톱에 사용)과 부드러운 것(자연 네일에 사용)으로 나뉘어진다.

① 180~240 Grit : 자연 손톱에 사용하는 부드러운 파일

② 120~160 Grit : 인조 손톱에 주로 사용하며 중간 정도 거친 파일

③ 80~100 Grit : 인조 손톱 중에서도 아크릴 네일을 파일링할 때 쓰는 거친 파일

2 손톱 모양별 파일링 방법

① 네모형 손톱(Square nail)

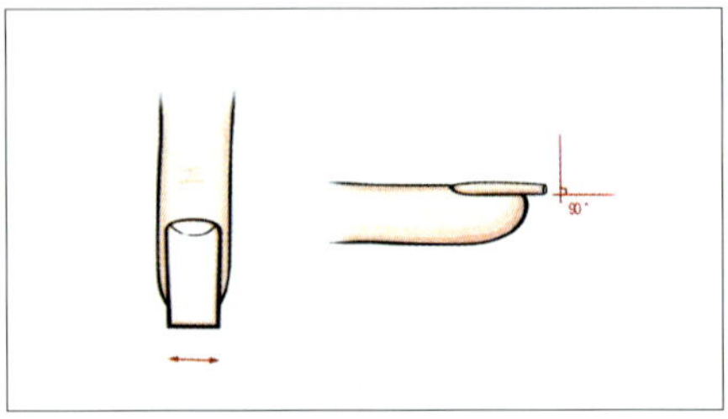

파일의 각도를 90˚로 하고 손 끝을 많이 사용하는 사람에게 적당하며 세련되고 도시적인 느낌을 주는 모양

② 둥근 네모형 손톱(Round square nail)

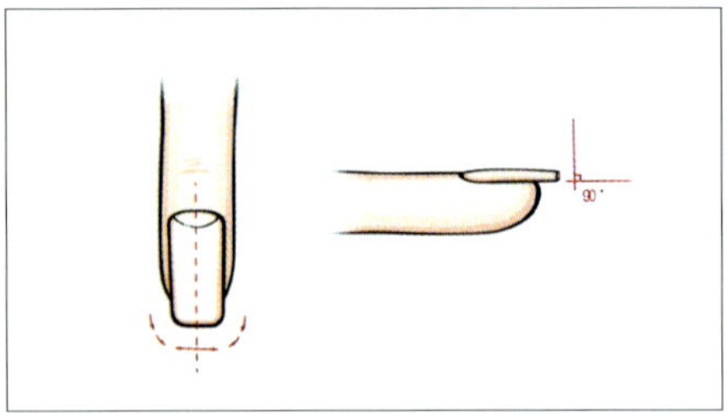

네모형 손톱의 각진 모서리 부분을 둥글게 다듬은 형태

③ 둥근형 손톱(Round nail)

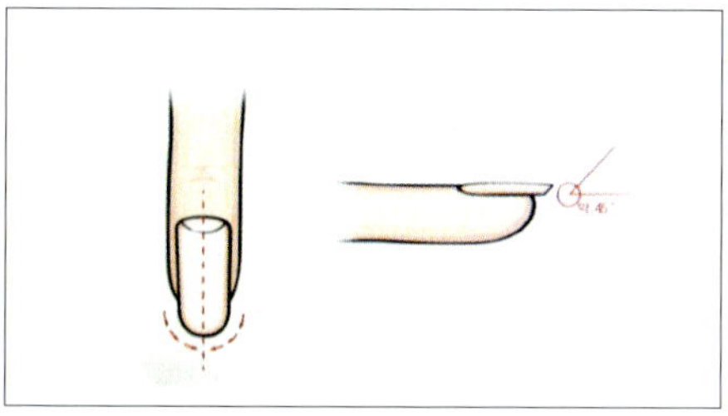

파일의 각도를 45˚로 하고 양쪽 모서리에서 중앙으로 전체적으로 각 없이 다듬는 형태

④ 타원형 손톱(Oval nail)

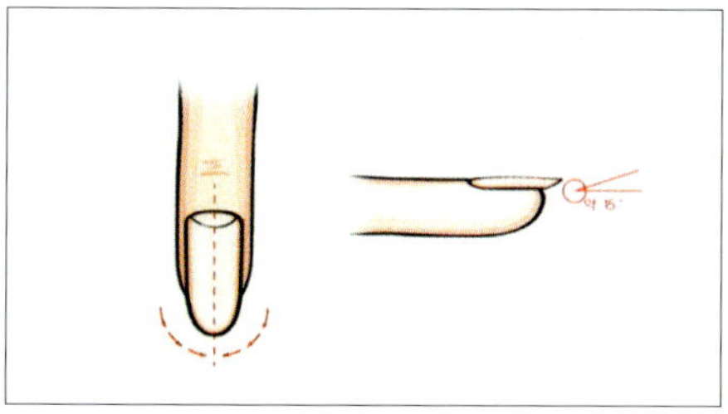

파일의 각도를 15˚를 하고 양 모서리를 더 많이 둥글게 파일링하는 모양으로 여성미가 강조되어 여성들이 선호하는 모양

⑤ 송곳형 손톱(Point nail or almond nail)

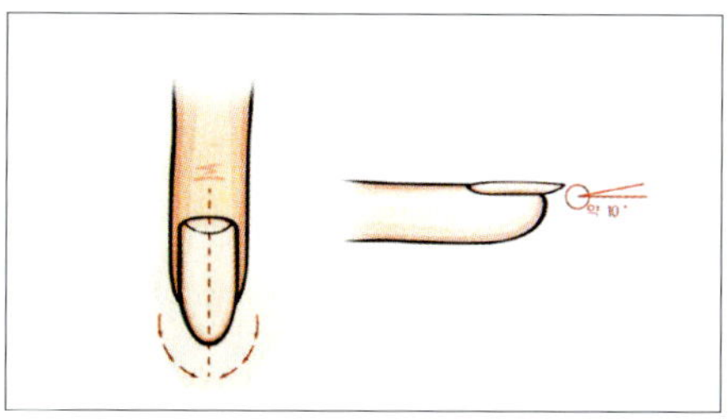

파일의 각도를 10˚로 하고 완전히 뉘어서 타원형보다 양 모서리를 더 뾰족하게 가는 모양으로 손가락이 가늘고 길어 보이는 모양

3. 컬러링

기본적으로 컬러링은 베이스 코트 1회, 폴리시 2회, 탑 코트 1회의 순으로 발라주며 컬러링의 종류로는 손톱 전체를 발라주는 전체 코트, 프리엣지 부분만 폴리시를 바르는 프리엣지, 폴리시를 전체 코트 후 1.5mm를 닦아주는 헤어라인 팁, 손톱이 길고 가늘게 보이도록 손톱의 양쪽 면을 1.5mm 정도 남기고 바르는 슬림 라인 또는 프리 월, 손톱의 루눌라 부분을 남겨 놓고 바르는 반달형 방법이 있다.

(1) 컬러링 바르는 방법

① 에나멜을 바르기 전 에나멜을 양 손바닥으로 비벼 돌려주기

② 브러시의 각도는 45° 를 유지하며 발라주기

③ 베이스 코트는 최대한 얇게 바르기

④ 컬러링 1coat 시술 시 얇게 바르며 2coat 시술 시 충분한 양으로 결이 보이지 않도록 바르기

⑤ 탑 코트는 최대한 빨리 바르기(탑 코트의 성분이 에나멜을 녹이기 때문)

(2) 컬러링 교본

CHAPTER

02

매니큐어

Section. 1

습식 매니큐어

시술재료

핑거볼, 타올, 키친타올, 안티셉틱(손 소독제), 솜, 폴리쉬리무버, 니퍼, 푸셔, 오렌지우드스틱, 파일(종류별), 지혈제, 큐티클 오일, 핸드로션, 네일 브러쉬, 디스크 패드(라운드 패드), 큐티클 리무버, 샌딩, 베이스코트, 에나멜, 탑코트, 더스트백(쓰레기 봉투)

1. 작업 테이블 준비절차

① 소독된 테이블에 타월을 깔고 재료를 세팅하기

② 습식 소독기 바닥에 솜을 깔고 70% 이상의 소독제를 넣어 시술에 필요한 도구를 소독하기

③ 핑거볼에 미온수를 미리 준비하기

2. 시술과정

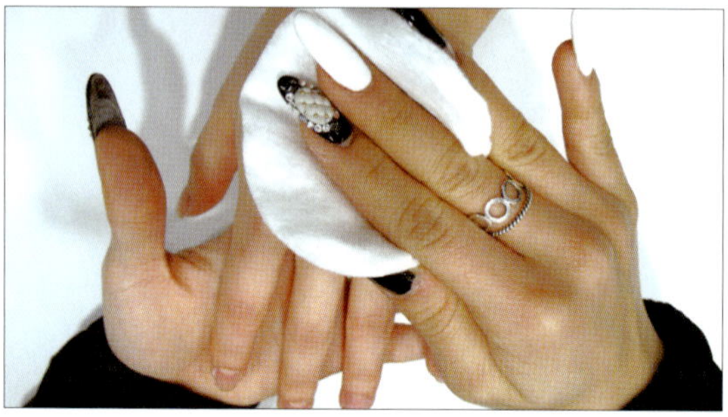

01 손 소독하기

솜에 안티셉틱을 묻혀 손을 소독한다. (왼손→오른손/손바닥→손등)

02 에나멜 지우기

에나멜 리무버를 묻힌 솜을 손톱 표면에 올려 놓은 후 소지부터 지운다.

03 손톱 모양 잡기

소지부터 엄지 방향으로 시술하며 손톱의 양 가장자리에서 중앙 쪽으로 파일링 해 준다.

04 샌딩

파일링 후에 중앙→왼쪽→오른쪽→전체 순으로 표면을 버핑하며 손톱 밑에 거스러미를 제거한다.

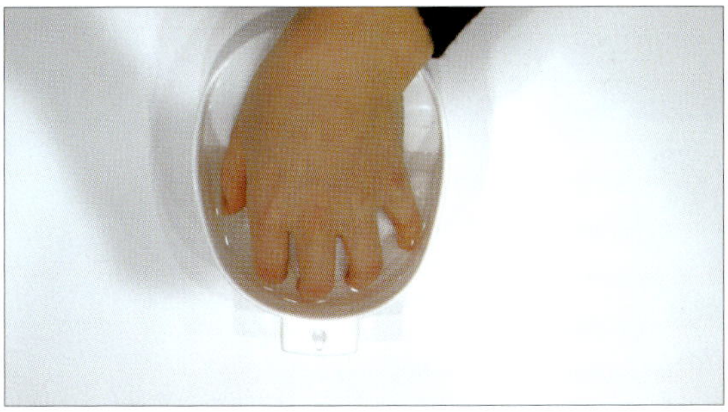

05 핑거볼에 손 담그기

향균비누를 넣은 미온수에 정리한 손을 5분 정도 담근다.

06 큐티클 오일 바르기

큐티클을 유연하게 하기 위해 큐티클 주변에 바른다.

07 큐티클 밀기

푸셔는 연필 잡듯이 잡으며 45° 각도로 큐티클을 밀어올린다. 너무 힘을 주어 밀어 올리면 손톱 표면이 손상될 수 있으므로 주의한다.

08 큐티클 정리

니퍼의 날과 큐티클이 수평하게 하여 큐티클을 정리하며 뒤쪽으로 빼면서 출혈이 일어나지 않도록 주의한다.

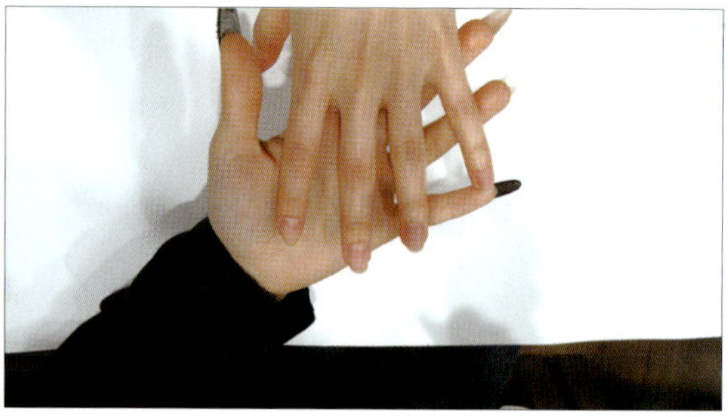

09 소독하기

예민해진 큐티클의 감염 예방을 위해 안티셉틱을 뿌려 소독한다.

10 유분기 제거하기

오렌지 우드스틱에 솜을 말아 리무버를 묻혀 유분기를 제거해준다.

11 베이스 코트 바르기

착색을 방지하고 에나멜이 빨리 벗겨지지 않도록 베이스 코트를 얇게 1회만 바른다.

12 에나멜 바르기

에나멜의 브러쉬를 꺼낼 때 병 입구에서 에나멜의 양을 조절한다.(브러쉬 한쪽 끝을 병 입구에서 모두 쓸어내리고 반대쪽은 1/3정도 쓸어내려 양을 조절한다.) 프리엣지까지 꼼꼼히 시술한다.

13 에나멜 바르기(2coat)

컬러링을 1번 더 반복하여 준다. 2coat을 실시할 때는 1coat 시 채워지지 않은 부분을 채운다

14 탑 코트 바르기

에나멜이 마른 후 탑 코트를 바른다. 탑 코트는 에나멜을 녹이는 성분이 첨가되어 있으므로 신속하게 발라준다.

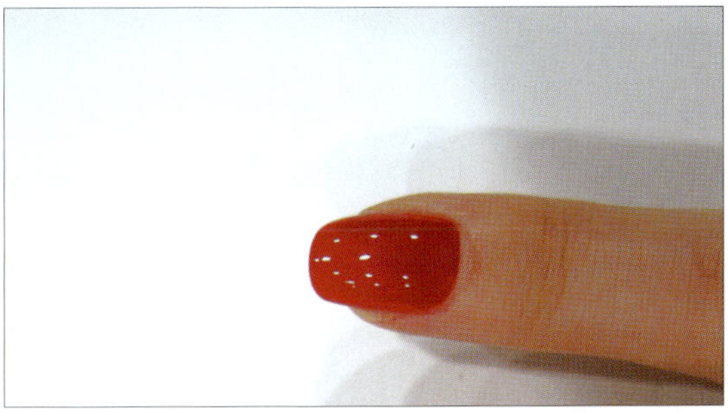

15 완성

Section. 2

프렌치 매니큐어

시술재료

핑거볼, 타올, 키친타올, 안티셉틱(손 소독제), 솜, 폴리쉬 리무버, 니퍼, 푸셔, 오렌지우드스틱, 파일(종류별), 지혈제, 큐티클 오일, 핸드로션, 네일 브러쉬, 디스크 패드(라운드 패드), 큐티클 리무버, 샌딩, 베이스코트, 에나멜, 탑코트, 더스트백(쓰레기 봉투) 등

프렌치 매니큐어는 손톱의 프리엣지 부분에 흰색 또는 유색 컬러 등을 이용하여 일정한 라인을 잡아 모양을 내는 것으로 누구에게나 잘 어울리는 스타일이다. 프렌치는 최대한 얇게 바르며 너무 두껍게 바를 경우 벗겨질 수 있으므로 주의한다. 종류로는 라운드 프렌치, 일자 프렌치, 사선 프렌치, V자 프렌치가 있다.

2. 시술과정

01 습식 매니큐어와 동일한 과정으로 기초 손질을 한다.

02 베이스 코트 바르기

정리된 손톱 표면에 베이스 코트를 바른다.

03 흰색 에나멜 바르기

흰색 에나멜을 이용하여 프렌치 라인을 만든다. 좌우대칭을 맞추어 이쁘게 프렌치 라인을 만들어 주는 것이 중요하며 브러시의 각도는 손톱 표면과 항상 45° 를 유지하도록 한다.

04 주변 컬러 지워주기

피부에 묻은 에나멜은 솜을 감은 우드스틱을 이용하여 폴리쉬 리무버를 묻혀 제거한다.

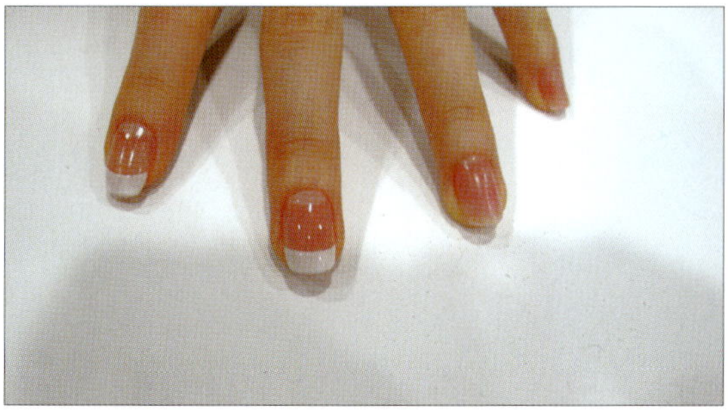

05 탑코트 바르기

폴리쉬를 보호하고 광택을 주기 위해 바르며 왼손 5지부터 중앙→좌측→우측→프리엣지 순으로 시술한다.

06 완성

Section. 3

딥 프렌치 매니큐어

시술재료

핑거볼, 타월, 키친타올, 안티셉틱(손 소독제), 솜, 폴리쉬 리무버, 니퍼, 푸셔, 오렌지우드스틱, 파일(종류별), 지혈제, 큐티클 오일, 핸드로션, 네일 브러쉬, 디스크 패드(라운드 패드), 큐티클 리무버, 샌딩, 베이스코트, 에나멜, 탑 코트, 더스트백(쓰레기 봉투) 등

1. 시술과정

01 **베이스 코트 바르기**

02 **흰색 에나멜 바르기(딥 프렌치)**

두 번 나누어 바를 경우, 처음엔 손톱 가로 너비의 2/3지점까지, 그 다음엔 손톱의 1/2지점에서 시작하여 채워준다. (같은 방법으로 2번 반복)

03 탑 코트 바르기

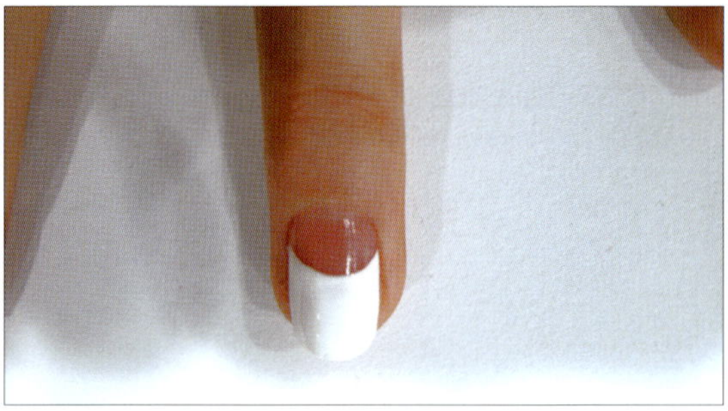

04 완성

Section. 4

스폰지 그라데이션

시술재료

핑거볼, 타올, 키친타올, 안티셉틱(손 소독제), 솜, 폴리쉬 리무버, 니퍼, 푸셔, 오렌지우드스틱, 파일(종류별), 지혈제, 큐티클 오일, 핸드로션, 네일 브러쉬, 디스크 패드(라운드 패드), 큐티클 리무버, 샌딩, 베이스코트, 에나멜, 탑 코트, 더스트백(쓰레기 봉투), 스폰지 등

1. 시술과정

01 **베이스 코트 바르기**

02 **흰색 에나멜 그라데이션**

프리엣지 끝부분에서부터 천천히 손톱 표면을 터치하여 힘을 빼고 두드리며 네일 길이의 2/3 지점까지 시술한다. 폴리쉬 양을 다량으로 사용하면 뭉치므로 주의해서 시술한다. 2번 반복하여 그라데이션 해준다.

03 주변 컬러 지워주기

피부에 묻은 에나멜을 솜을 감은 우드스틱에 폴리쉬 리무버를 묻혀 제거해준다.

04 탑 코트 바르기

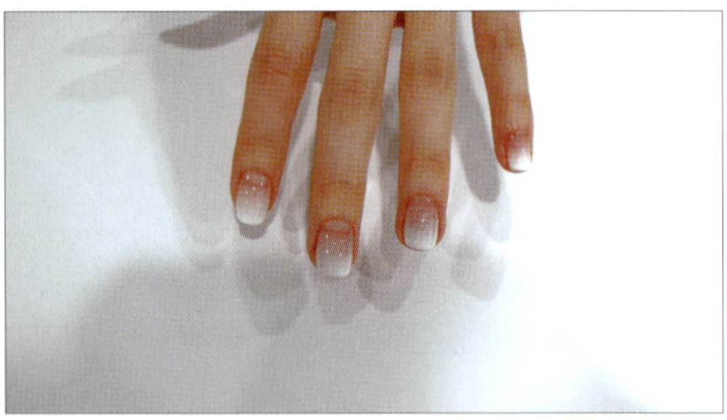

05 완성

Section. 5

파라핀 매니큐어

시술재료

습식 매니큐어 준비물, 파라핀 워머, 파라핀, 전기 장갑, 로션, 비닐장갑 혹은 비닐 랩 등

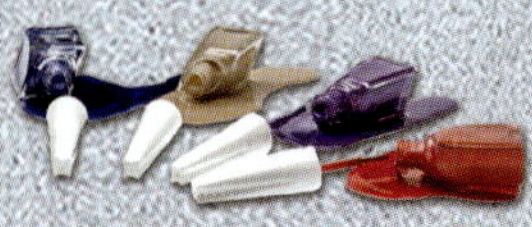

파라핀은 고온에서 액체로 존재하지만 상온에서는 고체가 되며 혈액순환에 좋고 보습의 용도로 많이 사용된다. 큐티클 제거 후에 시술하는 것이 좋으며 에나멜을 바를 경우에는 유분기가 손톱 표면에 흡수 되지 않도록 베이스 코트를 바른 후에 실시한다.

1. 시술과정

01 파라핀의 왁스 온도가 52~55℃로 유지되도록 하며 왁스를 이용하기 4시간 전에 전원을 켜둔다.

02 전기 장갑의 전원을 꽂아 둔다.

03 습식 매니큐어 과정과 동일하게 기초 손질을 한다.

04 베이스 코트를 바른다.

05 보습용 로션이나 아로마 오일을 바른다.

06 고객의 손을 손목까지 담그고 5초 정도 기다린 후 꺼내어 다시 담근다. (3~4회 반복)

07 외부로 열이 빠져나가는 것을 방지하기 위해 비닐장갑을 씌운다.

08 준비해둔 전기 장갑을 씌어 10분 정도 둔다.

09 장갑을 벗긴 후 파라핀을 위에서 아래 방향으로 벗겨내고 미리 발라 둔 로션이나 아로마 오일이 흡수될 수 있도록 마사지 한다.

10 따뜻한 타월로 고객의 손을 감싸준 후 닦아준다.

11 솜에 리무버를 적셔 손톱의 유분기를 제거해준다.

Section. 6

손 마사지

시술재료

로션 또는 오일, 스팀 타올

1. 시술과정

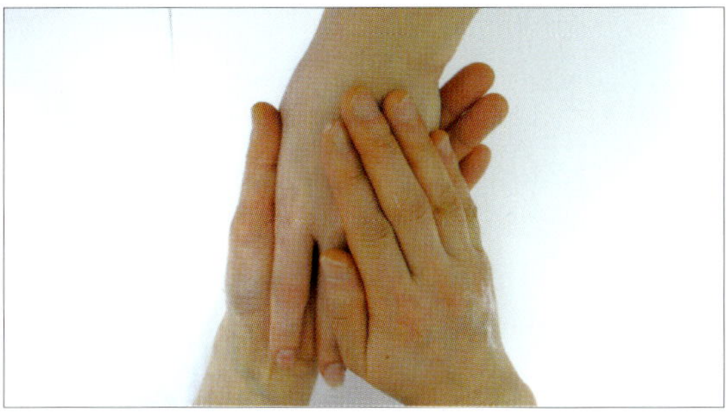

01 손 소독

안티셉틱을 묻힌 솜을 사용하여 손을 소독한다.

02 로션 바르기

손 전체에 로션을 펴 바른다.

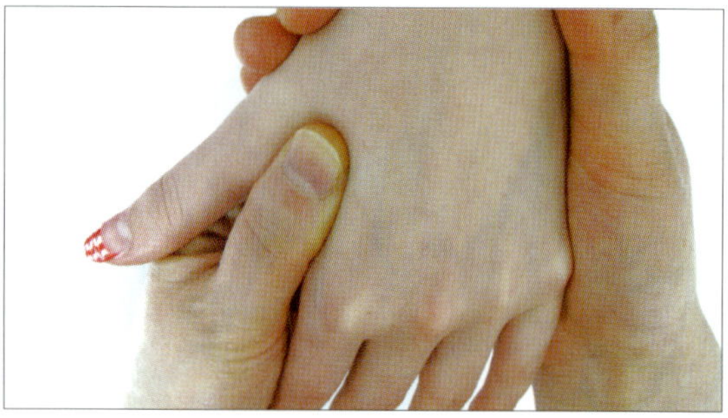

03 혈점 누르기

강하지 않은 압으로 혈점을 눌러주어 마사지 한다.

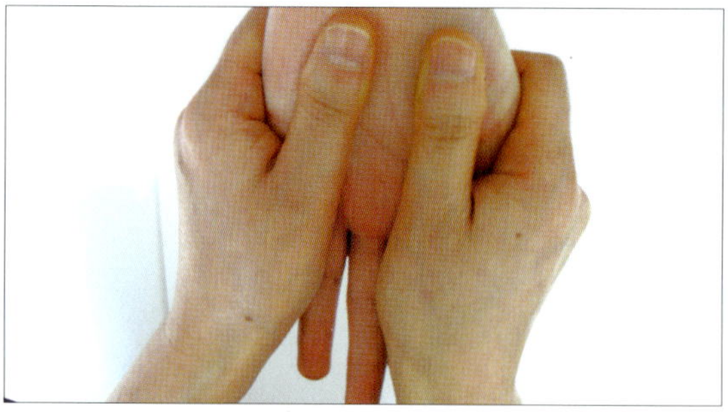

04 쓰다듬기

손 전체를 부드럽게 쓰다듬어 마사지 한다.

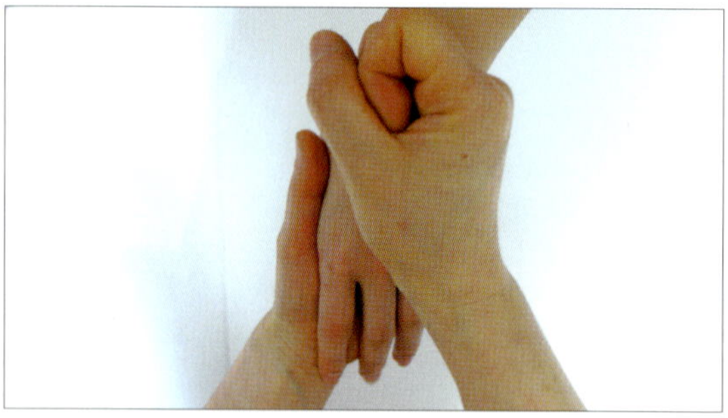

05 두드리기

가볍게 주먹을 쥐고 손바닥과 손등을 두드린다

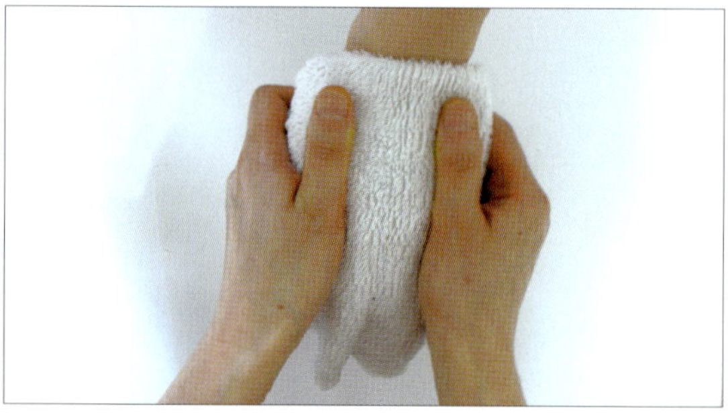

06 유분기 제거

스팀 타올로 유분기를 제거해준다.

MEMO

CHAPTER

03

페디큐어

Section. 1

습식 페디큐어

시술재료

습식 매니큐어 재료, 페디 파일, 토우 세퍼레이트

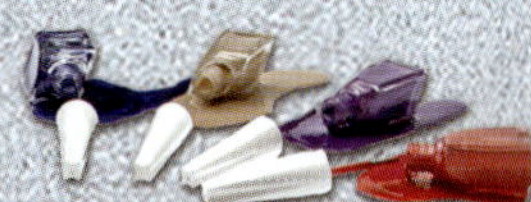

1. 시술과정

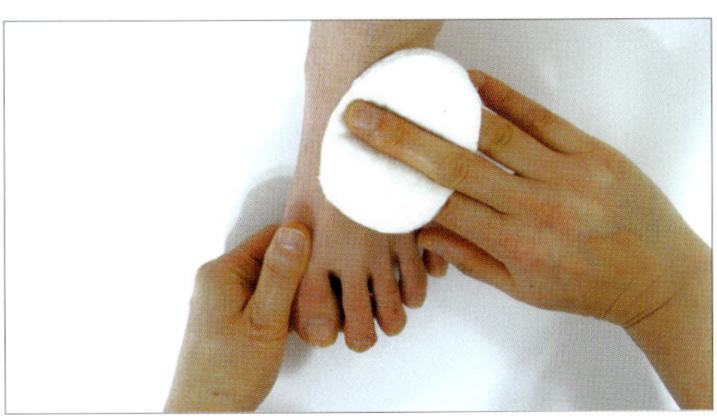

01 **발 소독**

솜을 안티셉틱에 묻혀 발을 소독한다.

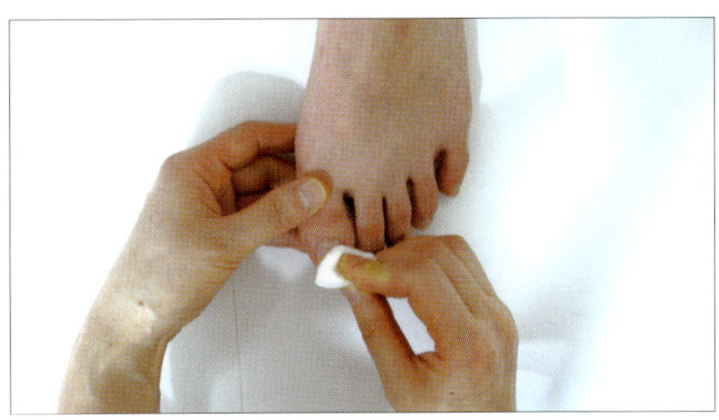

02 **에나멜 제거**

리무버를 묻힌 솜을 사용하여 발톱 표면에 있는 잔여물의 에나멜을 제거한다.

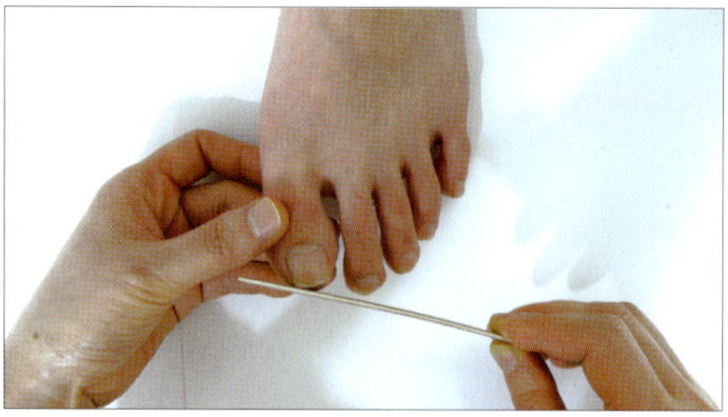

03 발톱 모양 잡기

우드파일을 이용하여 발톱 모양을 스퀘어로 잡아준다.

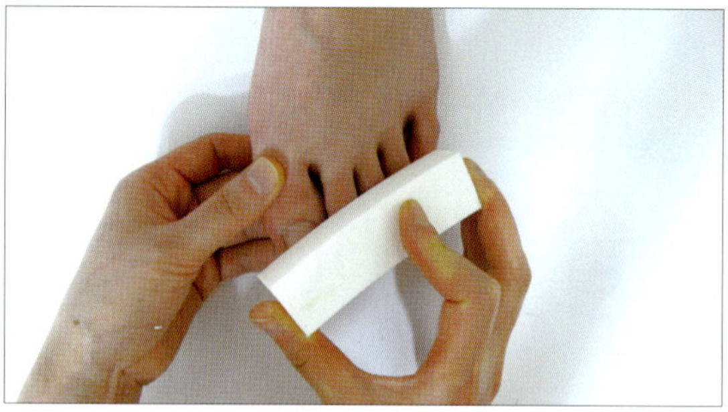

04 샌딩

샌딩 블록을 이용하여 발톱의 표면을 매끄럽게 다듬어준다.

05 큐티클 불리기

족탕기나 스파에 항균비누를 넣어 5~10분 정도 불린다.

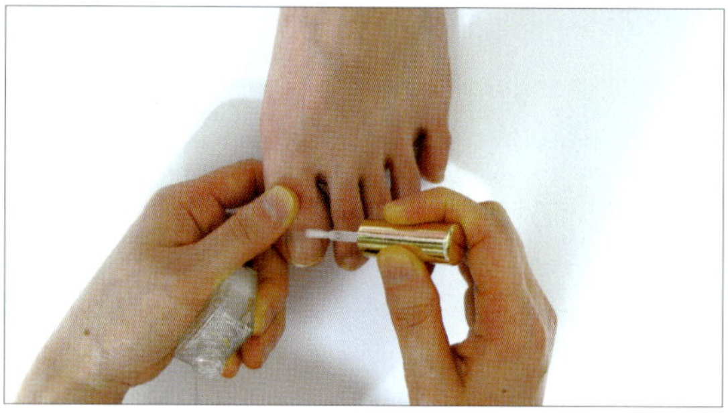

06 큐티클 오일 바르기

발의 물기를 제거하고 큐티클 오일을 큐티클 주변에 발라준다.

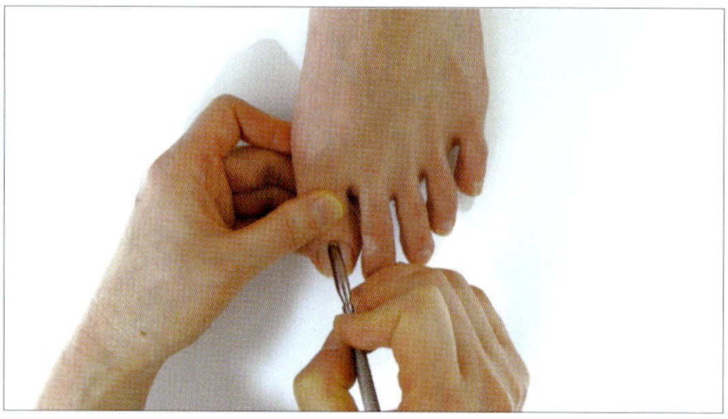

07 큐티클 밀어 올리기

푸셔를 45˚ 각도로 발톱 표면이 손상되지 않도록 주의해서 큐티클을 밀어 올려준다.

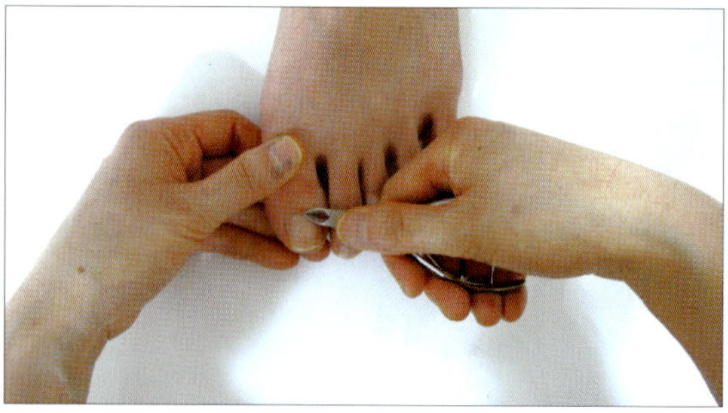

08 큐티클 정리

밀어 올린 큐티클을 니퍼를 사용하여 제거한다.

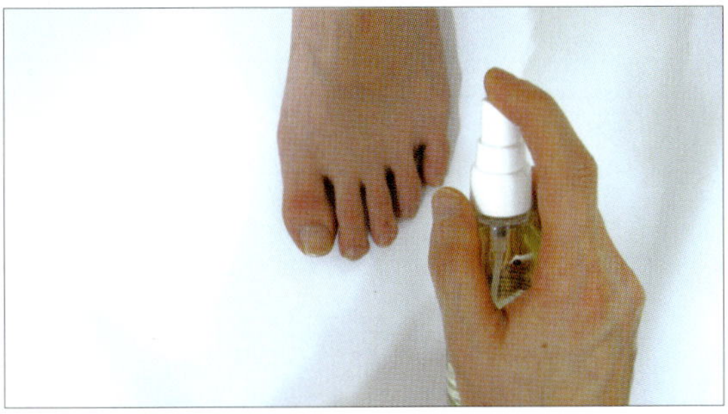

09 소독

안티셉틱을 뿌려 발을 소독한다.

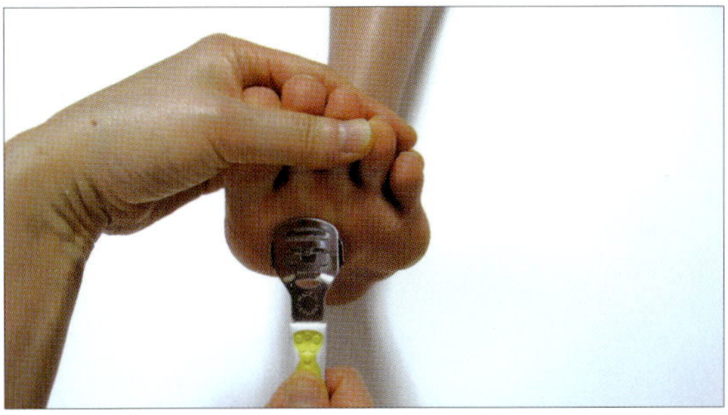

10 굳은살 제거

콘 커터를 사용하여 굳은살을 제거한다. 발바닥과 콘 커터의 날이 평행하도록 하고 발바닥의 윗부분을 세로로 2등분하여 오른쪽 먼저 시술하고 왼쪽을 시술한다. (족궁 부분은 시술하지 않는다.)

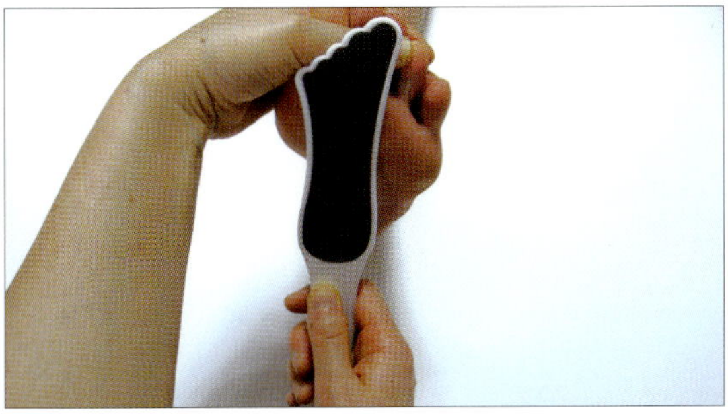

11 각질제거

페디 파일을 사용하여 콘 커터와 같은 방법으로 시술한다.

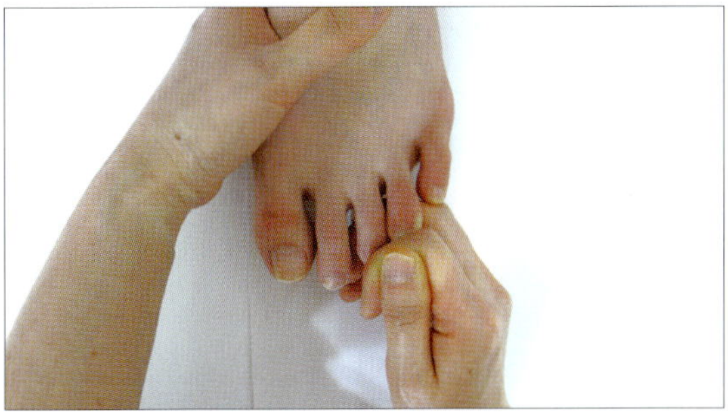

12 발 마사지

발 크림을 도포 후 부드럽게 마사지를 한다.

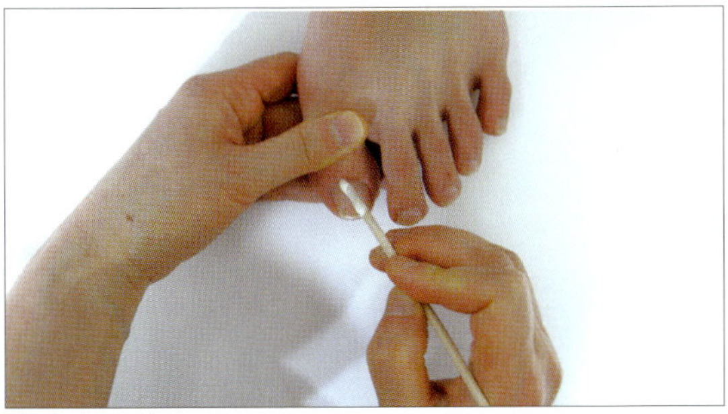

13 유분기 제거

리무버를 묻힌 키친 타올이나 솜을 말은 오렌지 우드스틱을 사용하여 유분기를 제거한다.

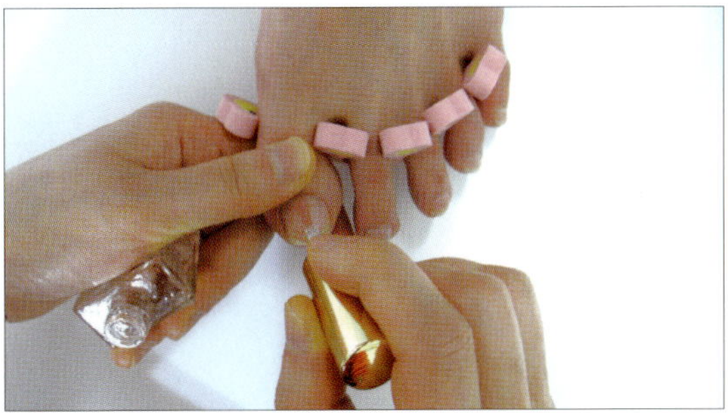

14 베이스 코트 바르기

토우 세퍼레이트를 낀 상태에서 베이스 코트를 최대한 얇게 바른다.

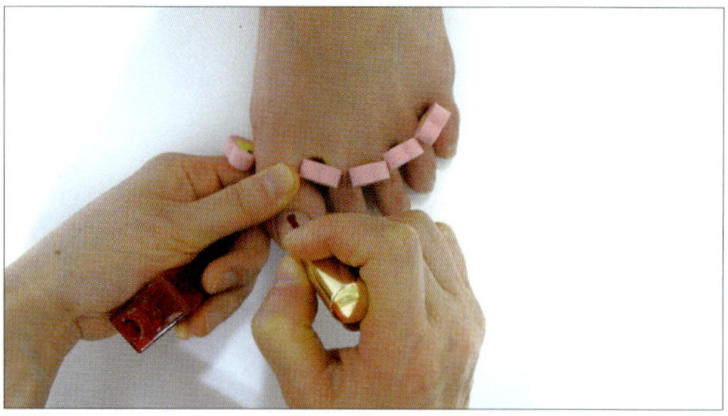

15 폴리쉬 바르기

폴리쉬의 양을 많지 않게 하여 최대한 큐티클 부분에 밀착하여 폴리쉬를 바른다. 폴리쉬 붓을 눕히지 않고 세워서 바른다. (2회 반복)

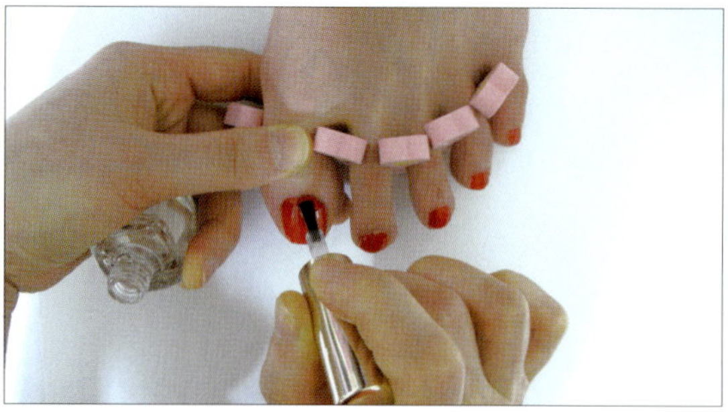

16 탑 코트 바르기

탑 코트는 최대한 얇고 빠르게 바른다.

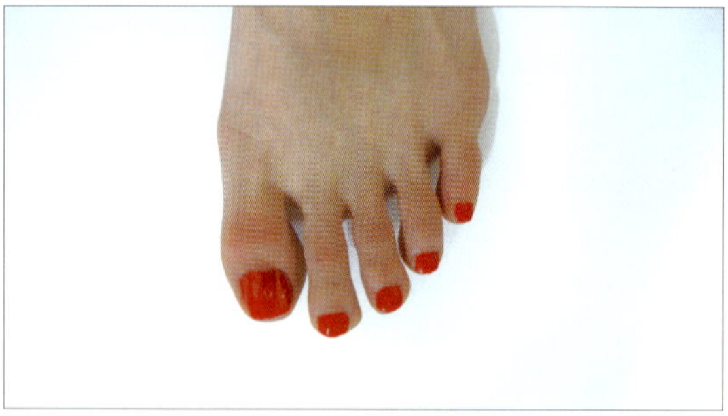

17 완성

MEMO

CHAPTER

04 네일 팁

네일 팁은 인조네일을 말하며 자연 손톱의 길이를 연장하거나 보호를 할 때에 사용되며 팁의 재질로는 플라스틱, 나일론, ABS수지 등이 사용된다. 네일 팁 자체만으로는 약하기 때문에 그 위에 실크, 화이버글라스(Fiberglass), 아크릴, 젤 등을 사용하여 보강하여 사용된다. 팁의 크기는 10가지로 분류되며 모양과 커브에 따라 종류가 나뉜다.

Section. 1

팁의 종류 및 팁의 광택과 접착방법

1. 팁의 종류

① **풀 팁** : 자연 손톱 전체를 덮는 팁으로 풀 커버 팁이라고도 함

② **반 팁** : 손톱의 끝 부분에 붙여 손톱 길이를 연장하는 팁으로 팁의 접착하는 끝부분이 스퀘어 모양으로 된 풀 웰 팁과 라운드 모양으로 된 하프 웰 팁이 있음

③ **디자인 팁** : 컬러 팁, 각종 아트 팁으로 풀 팁과 반 팁이 있음

④ **롱 커브 팁** : 팁의 길이가 다른 것에 비해 길고 커브가 많이 져 있으며 대회나 아트 작품 시 주로 사용하는 팁

⑤ **클리어 팁** : 팁의 색이 투명하고 풀 팁, 반 팁, 롱 커브 팁 등이 있음

2. 팁의 선택

① 팁을 선택할 때 자연 손톱의 넓이가 맞는 팁으로 손톱의 양쪽 끝을 모두 커버해야 함

② 웰의 크기가 너무 클 경우는 파일로 갈아내어 사용하기

③ 자연 손톱의 모양과 길이에 맞는 팁 모양을 사용하기

3. 팁 부착

① 손가락 끝 마디 선과 평행이 되도록 팁의 방향을 맞추고 손가락 전체의 방향에 맞추어 접착하기

② 팁을 접착할 때 각도를 45° 로 자연 손톱 끝부분에 맞추고 공기가 들어가지 않게 미끄러지듯이 밀착시켜 접착하기

이 때 5~10초 정도 팁을 눌러주어야 접착이 잘되고 공기가 들어가지 않음

③ 팁의 접착제인 루나 젤의 양이 많을 경우 손톱 주위 피부에 흘러내릴 수 있으므로 팁의 웰 부분 중앙에 글루나 젤을 한번 묻히고 양 옆은 중앙보다는 적은 양으로 팁을 부착하기

Section. 2

팁 위드 파우더

시술재료

팁, 글루, 글루 드라이어, 팁 커터, 필러 파우더, 파일, 샌딩블럭, 3-way, 습식 매니큐어 재료

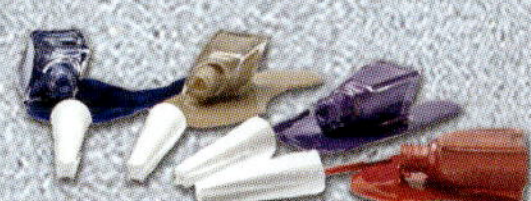

1. 시술과정

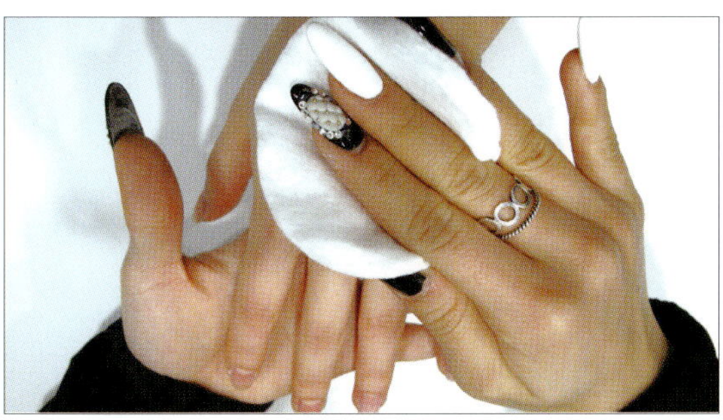

01 **소독하기**

솜에 안티셉틱을 묻혀 손을 소독한다.

02 **손톱 모양 잡기**

소지부터 엄지 방향으로 시술하며 손톱의 양 가장자리에서 중앙 쪽으로 파일링 해 준다. 자연손톱의 프리엣지 길이를 0.1cm 이하로 준비하며 네일의 형태는 라운드로 준비한다.

03 큐티클 밀기

푸셔는 연필잡듯이 잡으며 45° 각도로 큐티클을 밀어올린다. 너무 힘을 주어 밀어 올리면 손톱 표면이 손상될 수 있으므로 주의한다.

04 샌딩

샌딩블럭을 이용하여 손톱의 유분기를 없애 팁의 접착력을 좋게 한다.

05 팁 선택

자연 손톱에 맞는 팁을 고른 후 글루나 젤을 이용하여 팁의 웰 부분에 바르고 자연 손톱에 45° 각도로 미끄러지듯 접착하며 공기가 들어가지 않도록 주의한다. 5~10초간 눌러준다.

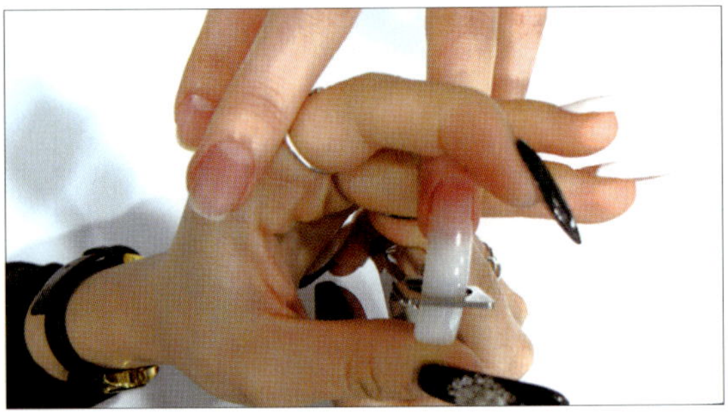

06 팁 길이 조절

자연손톱과 익스텐션된 길이가 1 : 1이 되도록 조절하며 파일을 이용하여 손톱 쉐입을 잡아야 하므로 조금 더 길이를 여유있게 잘라준다.

팁 커터기와 팁의 각도를 직각으로 팁이 앞으로 튕겨 나오지 않도록 팁의 프리엣지 부분을 잡고 컷팅한다.

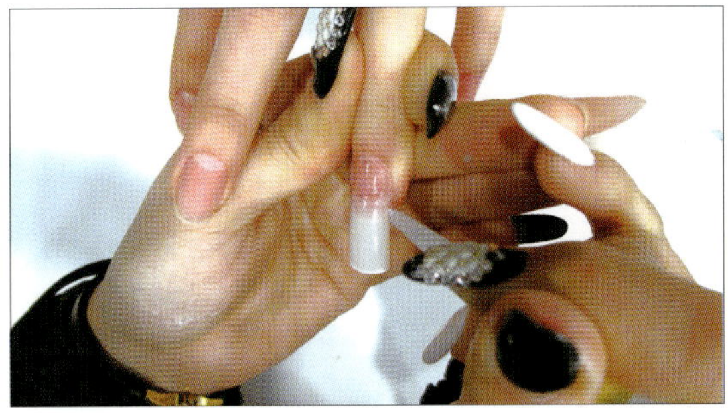

07 팁 턱 제거

팁의 웰 부분을 180grit의 파일로 갈아주며, 이 때 스퀘어로 쉐입을 잡고 길이 조절도 실시한다. (우드화일은 사용하지 않으며 그릿수가 낮은 파일을 이용해야 한다.)

08 글루 바르기

턱 제거 후 손톱 전체에 글루를 발라주며 손톱의 2/3 지점에서 처음 글루를 짜 주어 손톱 표면에 대고 전체적으로 발라준다.

09 필러 파우더 뿌리기

글루가 마르기 전 필러 파우더를 45˚ 각도로 세운 후 전체적으로 뿌린다. 화이트 팁과 자연손톱의 턱 부분, 하이 포인트를 만들어 준다.

10 글루 바르기

손톱 주위에 뿌려진 필러 파우더는 솜을 말은 오렌지 우드스틱으로 제거해주며 글루를 도포하여 필러 파우더가 손톱에 접착할 수 있도록 한다. 글루의 양은 처음보다 조금 더 많은 양을 사용한다.

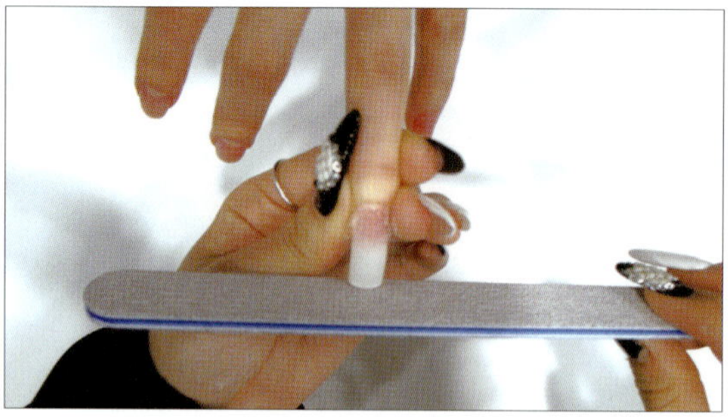

11 파일링

손톱 전체의 표면을 매끄럽게 다듬고 모양을 잡는다.

12 젤 글루 바르기

손톱 전체에 젤 글루를 바른 후 글루 드라이어를 이용하여 건조시킨다. (글루 드라이를 손톱 표면에 너무 가까이 대어 분사하거나 세게 분사하면 기포가 생길 수 있으므로 주의한다.)

13 샌딩

샌딩 블럭을 이용하여 손톱 표면을 매끄럽게 다듬는다.

14 오일 바르기

큐티클에 오일을 바르고 3-way로 광택을 낸다.

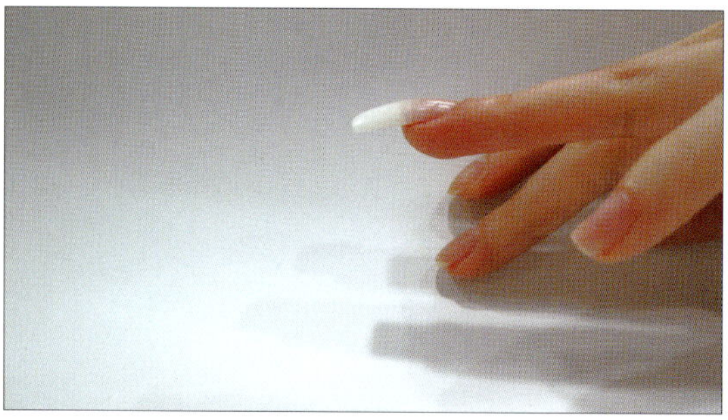

15 완성

Section. 3

팁 위드 랩

시술재료

팁, 젤, 글루 드라이어, 글루, 팁 커터, 필러 파우더, 실크, 실크 가위, 샌딩 블록, 3-way, 습식매니큐어 재료

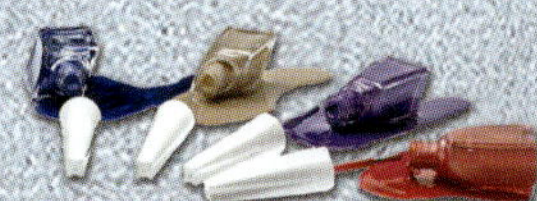

1. 시술과정

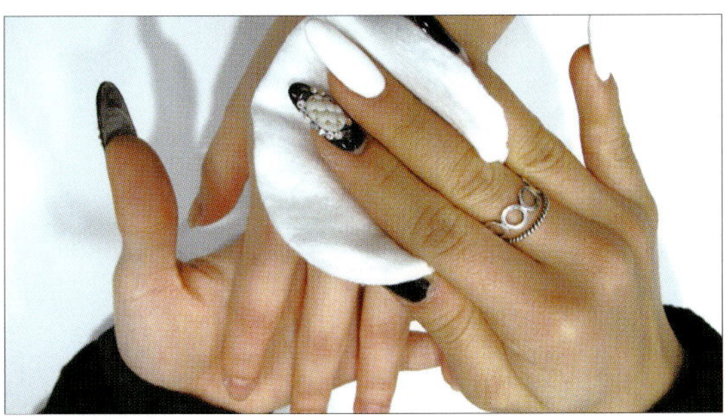

01 소독하기

솜에 안티셉틱을 묻혀 손을 소독한다.

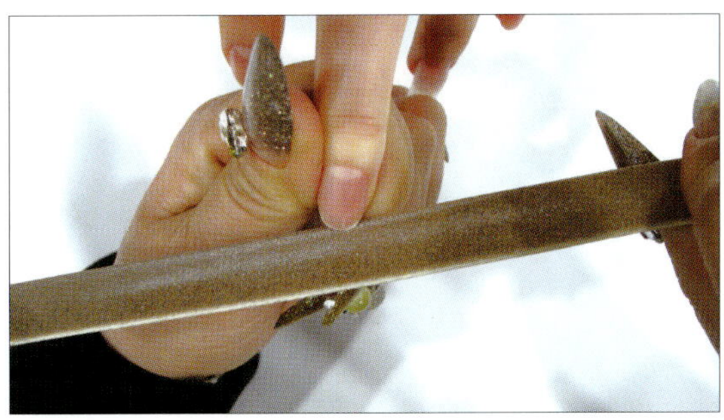

02 손톱 모양 잡기

자연손톱의 프리엣지 길이를 0.1cm 이하로 준비하며 네일의 형태는 라운드로 준비한다.

03 샌딩

샌딩블럭을 이용하여 손톱의 유분기를 없애 팁의 접착력을 좋게 한다.

04 프라이머 바르기

유분기를 제거하고 pH 발란스를 맞추어 팁이 자연 손톱에 팁이 잘 접착될 수 있도록 발라 준다.

05 부착

모델의 손톱과 동일한 사이즈의 팁을 고른 후 팁의 뒷면에 있는 웰 부분에 글루나 젤 글루를 이용하여 부착하며 팁과 손톱의 각도를 45° 각도로 하여 미끄러지듯 부착한다.

손톱에 맞는 팁이 없다면 한 사이즈 큰 팁을 고른 후 양쪽 사이드 부분을 파일을 이용하여 손톱의 사이드 면에 맞게 파일링 해준다.

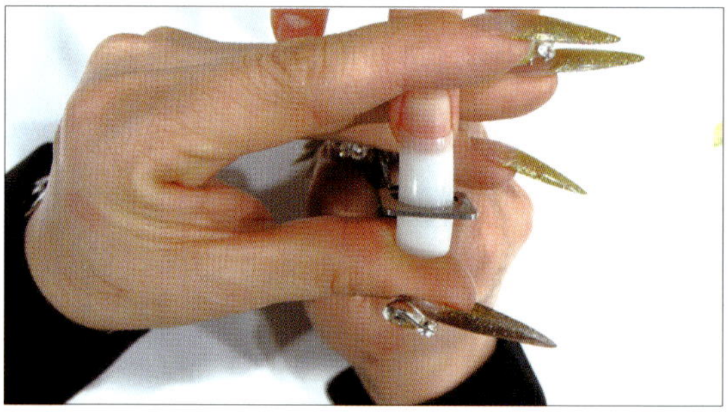

06 팁 길이 조절

팁 커터기를 사용하여 길이를 조절하며 익스텐션 된 길이가 자연 네일의 2배가 되도록 길이를 맞춰준다.

07 팁 턱 제거

자연 손톱과 웰 부분을 부드러운 파일로 파일링 하여 팁 턱을 제거해준다.

08 글루 바르기

손톱 전체에 글루를 바르며 주위 피부에 묻지 않도록 주의해서 발라준다.

09 필러 파우더 뿌리기

글루가 다 마르기 전 필러 파우더를 네일에 전체적으로 골고루 뿌려주며 하이 포인트 부분에 양을 조금 더 많이 뿌려준다.

10 글루 바르기

손톱 가장자리나 주위에 뿌려진 필러파우더는 오렌지 우드스틱으로 제거하고 글루를 충분한 양으로 필러 파우더가 잘 접착될 수 있도록 한다.

11 글루 드라이

글루 드라이를 이용하여 글루를 말려준다.

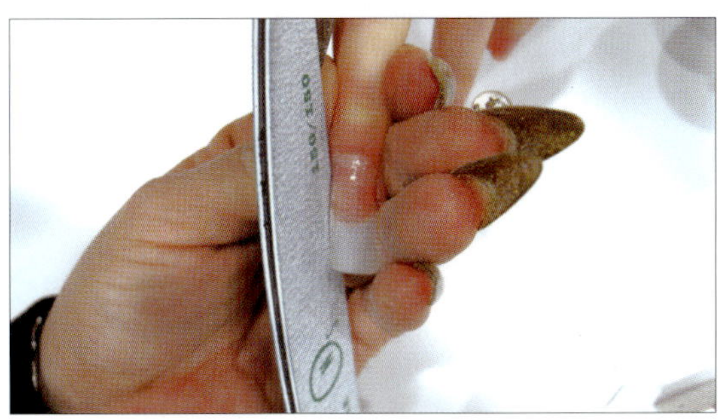

12 반복(□~□번까지 1번 더 반복)

하이 포인트 능선을 자연스럽게 만들어준다.

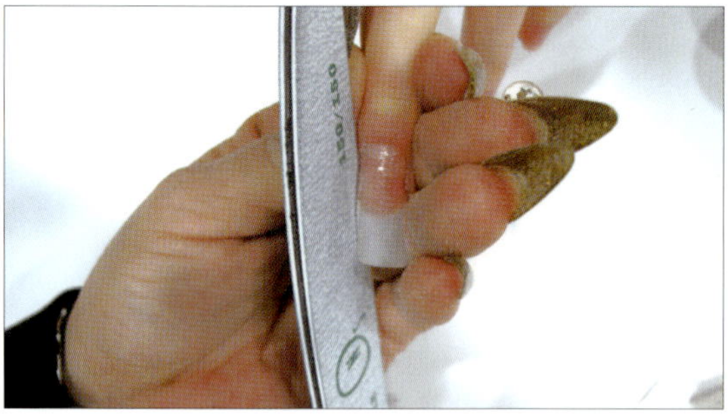

13 파일링

파일을 이용하여 150grit→240grit→샌딩 순으로 손톱 표면을 매끄럽게 하고 길이와 모양을 조절한다.

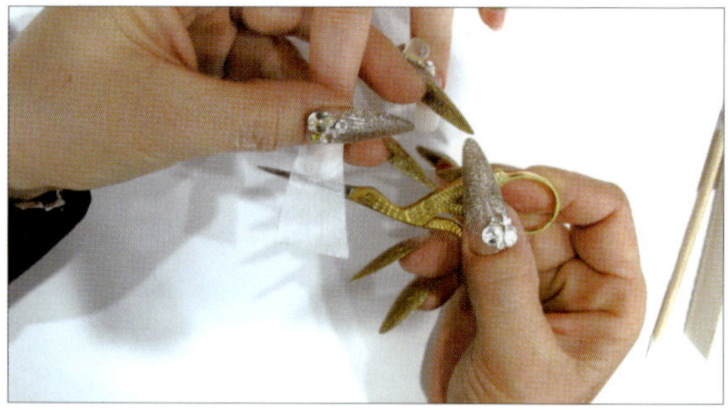

14 실크 재단하여 부착

원네일의 플레이트와 동일한 사이즈로 측정하여 재단하며 큐티클 라인은 동그랗게, 반대 부분은 사다리꼴 모양으로 재단한다.

15 글루 바르기

글루가 큐티클이나 손톱 주위에 묻지 않도록 조심히 도포하며 글루의 양이 너무 많지 않도록 주의해서 도포한다. 글루 사용 후 글루 드라이를 이용하여 글루를 말려준다.

16 랩 턱 제거

파일을 이용하여 랩 턱을 제거해주고 길이를 팁의 길이에 맞게 길이를 조절하여 준다.

17 글루 바르기

전체적으로 글루를 발라준다.

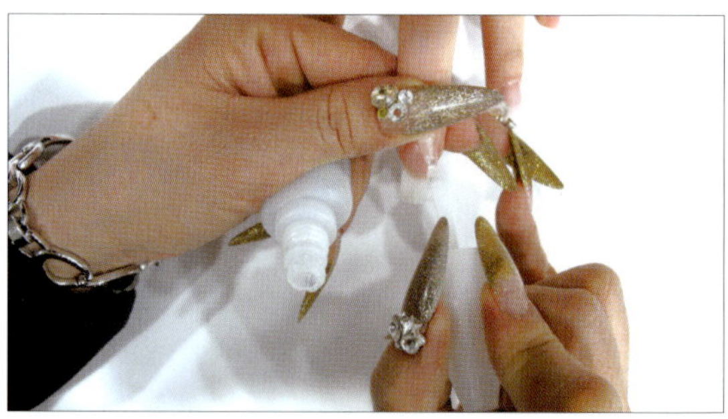

18 젤 글루 바르기

표면 전체에 젤 글루를 발라준다.

19 **글루 드라이**

20 **샌딩**

어느 정도 드라이가 된 후 샌딩 블록을 이용하여 버핑해 표면이 매끄럽도록 해준다.

21 **광택**

광택파일을 이용해 손톱 표면의 광택을 낸다.

22 **오일 바르기**

큐티클 오일을 바르고 손으로 가볍게 문지른다.

23 **완성**

Section. 4

팁 보수 및 제거

1. 팁 보수 방법

인조 팁은 시술 후 2~3주에 한 번씩 보수를 해 주어야 한다. 오랜 기간 보수를 하지 않을 경우 인조 네일이 쉽게 떨어지거나 깨질 수 있으며 습기가 차 곰팡이가 생길 수 있으므로 보수를 해 주어야 오래 유지할 수 있다.

① 손 소독하기
② 네일 폴리시 제거하기
③ 팁 상태 확인하기(손상이 심할 경우에는 아세톤 원액을 통해 제거)
④ 파일을 이용하여 들뜬 부분이나 새로 자라나온 자연 손톱과 팁의 턱을 파일링하기
⑤ 손톱 전체에 글루와 젤을 도포 후 샌딩 블록을 이용해 표면을 매끄럽게 하기
⑥ 큐티클 라인을 포함해 손톱 표면 전체에 큐티클 오일을 바르고 가볍게 문질러주기

2. 팁 제거 방법

① 자연 손톱의 길이를 확인 후 클리퍼를 이용하여 인조 팁의 길이를 잘라주기
② 화장 솜에 아세톤 원액을 충분히 적셔 팁 위에 올려두기
③ 호일을 감싸주어 아세톤의 성분이 날아가지 않도록 고정시키기
④ 10분 정도 방치 후 오렌지 우드 스틱이나 푸셔를 이용하여 자연 손톱의 표면이 손상되지 않도록 조심스럽게 잔여물을 벗겨내기

CHAPTER

05

랩 네일

Section. 1

랩 네일

시술재료

실크, 젤, 글루 드라이어, 글루, 필러 파우더, 실크 가위, 샌딩 블록, 3-way, 습식매니큐어 재료, 클리퍼

1. 시술과정

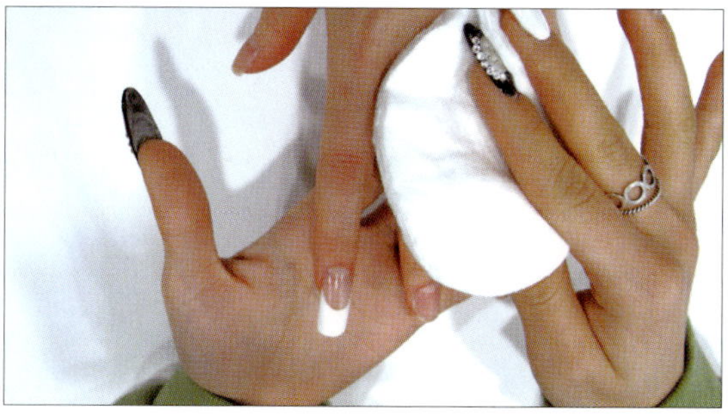

01 **소독하기**

솜에 안티셉틱을 묻혀 손을 소독한다.

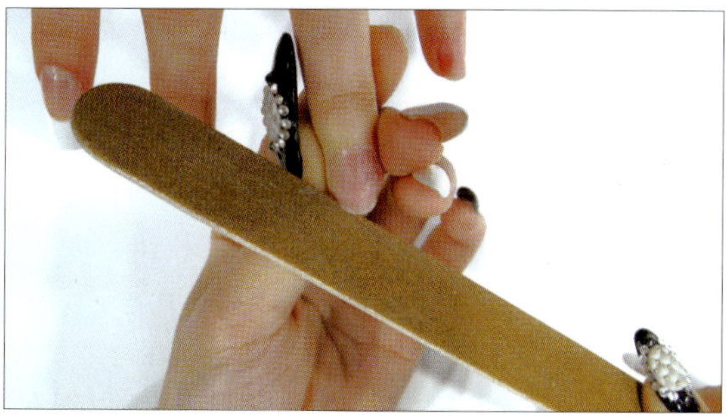

02 **손톱 모양 잡기**

파일을 이용하여 자연 손톱의 길이를 0.5~1mm 정도로 맞춰주며 손톱의 모양을 둥근형으로 만들어 준다.

03 큐티클 밀기

자연 손톱 표면이 손상되지 않도록 큐티클을 밀어 올려준다.

04 유분기 제거

샌딩 블록을 이용하여 손톱의 유분기를 제거하고 실크와의 부착력을 증가시켜 준다.

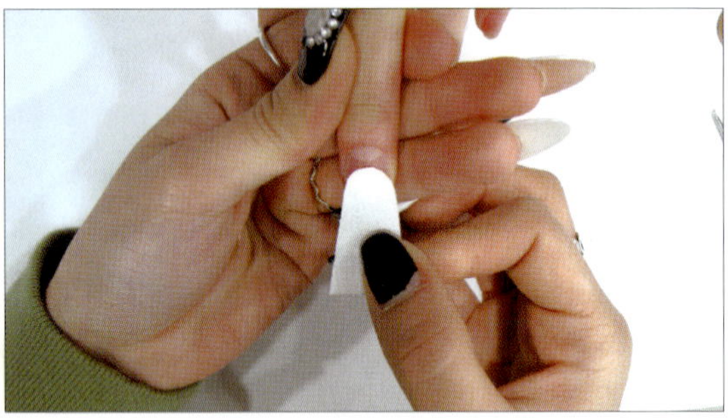

05 실크 재단하여 부착

큐티클 라인에서 0.1mm 정도 띄어 접착하여 사다리꼴 모양으로 재단하며 큐티클 라인은 동그랗게 재단하여 부착한다.

06 글루 바르기

연장하고 싶은 길이만큼 글루를 도포하며 큐티클이나 손톱 주변에 글루가 묻지 않도록 주의하여 바른다.

07 C커브 만들기

글루가 마르기 전 실크가 울지 않도록 해야 하며 C커브를 만들 때 양쪽 모서리를 잡아당겨 C커브 형태를 만든다.

08 필러 파우더 뿌리기

글루가 마르기 전 필러 파우더를 뿌리고 다시 글루를 도포한다. (글루와 필러 파우더 사용을 2~3회 반복하여 프리엣지 부분의 두께를 만들어준다.)

09 글루 드라이

글루 드라이를 뿌려 양쪽 스트레스 포인트를 양쪽 엄지 손가락을 이용하여 C커브 형태로 핀칭을 준다.

10 길이 조절하기

클리퍼를 이용하여 길이를 잘라준다.(익스텐션 된 길이는 원 네일의 2배가 되도록 조절)

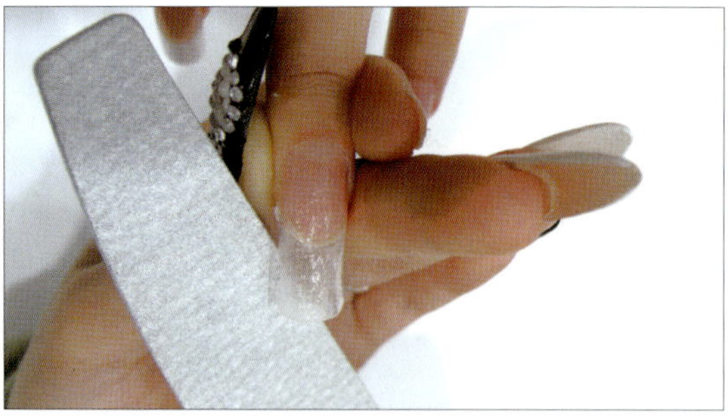

11 파일링

파일을 이용하여 네일의 표면이 매끄럽게 하며 적절한 위치의 하이 포인트를 만들고 적당하고 일정한 두께가 되도록 파일링한다.

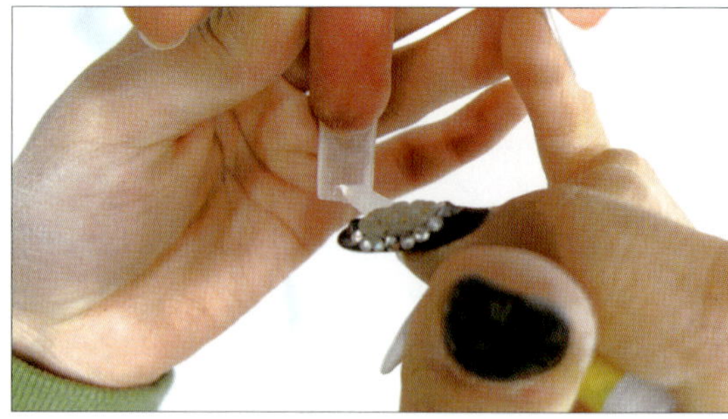

12 글루 바르기

네일 표면에 글루와 젤을 바른 후 투명도를 위해 프리엣지 뒷 부분에도 글루를 발라준다.

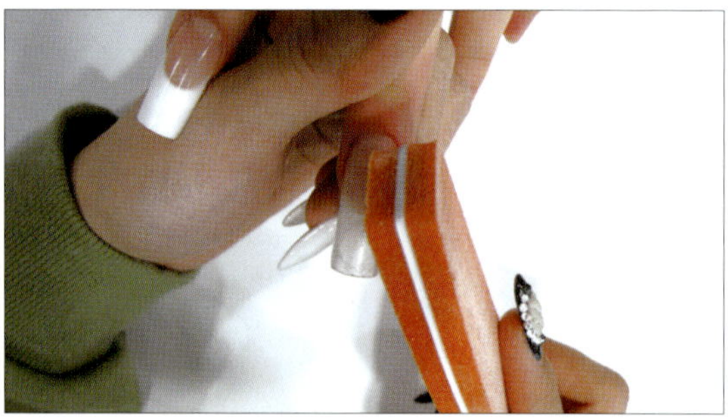

13 샌딩

표면을 샌딩하여 표면을 매끄럽게 만들어준다.

14 오일 바르기

솔로 먼지를 잘 털어낸 후 큐티클 오일을 발라 손으로 가볍게 문지른다.

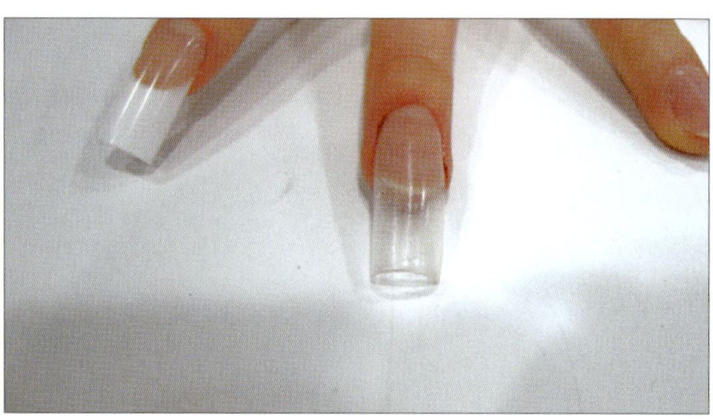

15 완성

Section. 2

실크(랩) 보수 및 제거

1. 실크(랩) 보수 방법

랩은 시술 후 1~2주에 한 번씩 보수를 해야 오래 유지할 수 있다.

① 손 소독하기

② 실크 상태 확인하기(손상이 심할 경우에는 아세톤 원액을 통해 제거)

③ 파일을 이용하여 들뜬 부분이나 새로 자라나온 자연 손톱과 팁의 턱을 파일링하기

④ 손톱 전체에 글루와 젤을 도포 후 샌딩 블록을 이용해 표면을 매끄럽게 하기

⑤ 필러파우더를 전체적으로 뿌리고 그 위에 글루를 발라주기

⑥ 글루를 바른 후 실크를 부착하고 다시 글루를 발라주기

⑦ 파일링을 통해 손톱 표면을 매끄럽게 다듬어주기

⑧ 큐티클 라인을 포함해 손톱 표면 전체에 큐티클 오일을 바르고 가볍게 문질러주기

2. 실크(랩) 제거 방법

① 자연 손톱의 길이를 확인 후 클리퍼를 이용하여 연장한 실크의 길이를 잘라주기

② 화장 솜에 아세톤 원액을 충분히 적셔 팁 위에 올려두기

③ 호일을 감싸주어 아세톤의 성분이 날아가지 않도록 고정시켜 주기

④ 10분 정도 방치 후 오렌지 우드 스틱이나 푸셔를 이용하여 자연 손톱의 표면이 손상되지 않도록 조심스럽게 잔여물을 벗겨내기

CHAPTER 06 아크릴 네일

Section. 1

아크릴

1. 아크릴

아크릴 스캅춰는 네일 폼을 지지대로 사용하여 모노머(액체)와 분말 아크릴을 혼합하여 만든 인조 네일이며 네일에 덧씌워 자연 손톱을 보강하거나 길이를 연장할 때 사용된다.

아크릴은 모노머(Monomer), 폴리머(Polymer), 카탈리스트(Catalyst) 이 세가지의 혼합작용을 이용하는 것이며 모노머는 리퀴드를 말하며 아주 작은 구슬형태로 서로 연결되지 않은 구형물질이다.

폴리머는 구슬이 길게 체인 모양으로 연결된 형태로 매우 단단한 물질로 변화된 것을 말하며 완성된 아크릴 네일이 폴리머이다.

카탈리스트는 촉매제로 빨리 굳게 해주는 작용을 한다. 카탈리스트의 양으로 빨리 혹은 늦게 굳도록 조절할 수 있다.

아크릴 네일을 시행하기 전 프리엣지의 길이는 0.5~1mm의 상태로 준비하며 네일의 형태는 라운드 형태로 준비한다.

아크릴 브러시는 크기와 모양이 다양하며 브러시 앞부분을 Tip, 배부분을 Belly, 브러시 끝 부분을 Back이라 한다. Tip 부분은 스마일라인을 만들거나 섬세한 디자인을 할 때 사용되며 Belly 부분은 표면을 쓸어내릴 때 사용된다. 브러시 끝부분인 Back은 힘을 주어 파우더 볼을 펴줄 때 사용한다.

사용한 브러시는 브러시 클리너를 사용하여 깨끗이 세척하며 세척한 브러시는 브러시의 끝 부분이 갈라지지 않고 아래로 뾰족하게 향하게 하여 보관한다.

Section. 2

팁 위드 아크릴

시술재료

팁, 글루, 글루드라이, 아크릴 브러시, 모노머, 아크릴 파우더, 브러시 클리너, 프라이머, 팁 커터, 디펜디시, 파일, 샌딩블럭, 파일, 3-way 파일, 습식매니큐어 재료

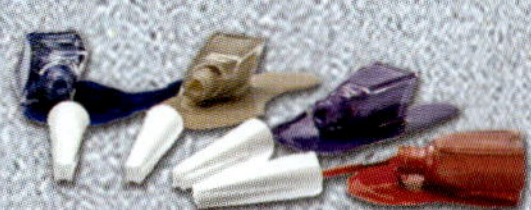

네일 팁 접착 후 아크릴을 올려 보강해주는 시술로 아크릴 팁 또는 아크릴 오버레이라고도 한다.

1. 시술과정

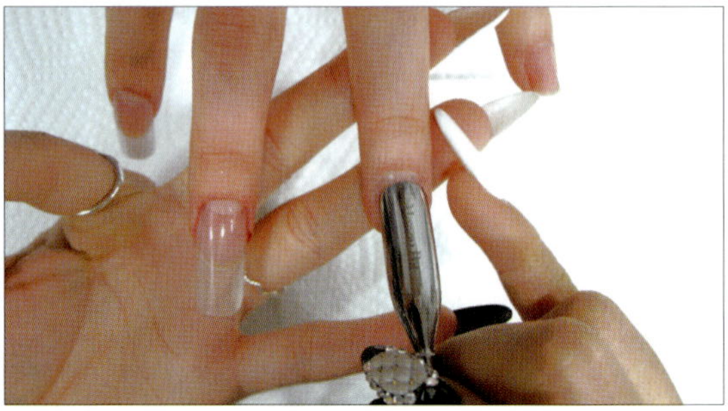

01 **소독하기**

솜에 안티셉틱을 묻혀 손을 소독한다.

02 **큐티클 밀기**

푸셔를 이용하여 큐티클을 부드럽게 밀어 올린다.

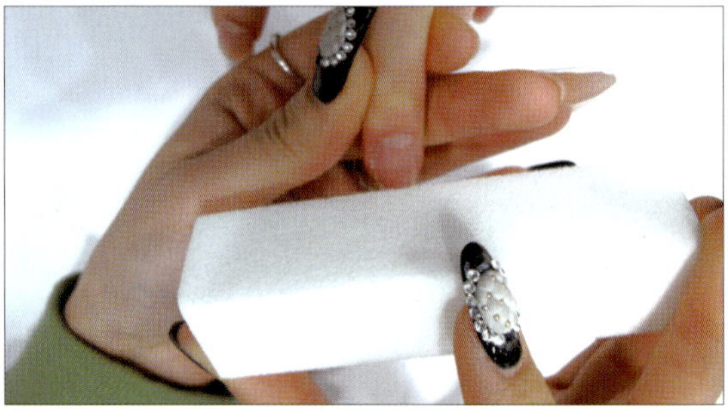

03 **손톱 모양 잡기**

자연손톱의 프리엣지 길이를 0.1cm 이하로 준비하며 네일의 형태는 라운드로 준비한다.

04 **유분기 제거**

샌딩 블록을 이용하여 손톱의 유분기를 제거하고 팁의 부착력을 증가시켜 준다.

05 팁 부착하기

자연 손톱에 맞는 크기의 팁을 고르고 글루를 이용하여 팁의 웰 부분에 바르고 자연 손톱에 접착한다.

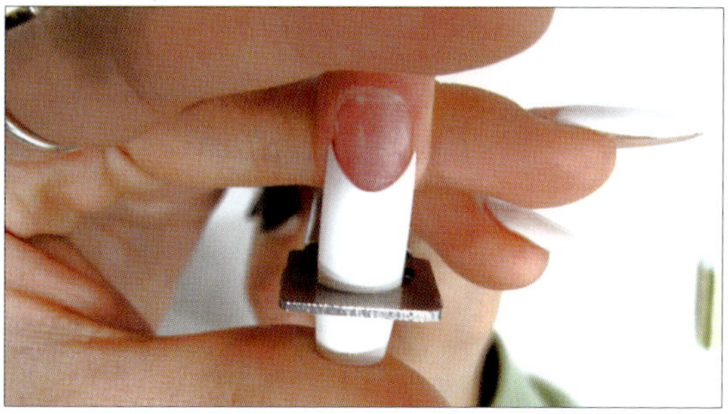

06 팁 길이 조절

팁 커터기를 사용하여 길이를 조절하며 익스텐션 된 길이가 자연 네일의 2배가 되도록 길이를 맞춰준다.

07 프라이머 바르기

아크릴이 자연 손톱에 잘 접착할 수 있도록 자연 손톱에만 소량 바른다.

08 아크릴 볼 올리기

큐티클 라인에서 1mm 정도 띄운 후 첫 볼을 올려 아래쪽으로 쓸어내리고 누르기를 반복한다. 프리엣지부터 3부분으로 나누어 아크릴 파우더를 올리는데 첫 볼을 가장 크게 만들고 마지막 볼을 소량으로 올려 큐티클을 메우듯이 올려준다.

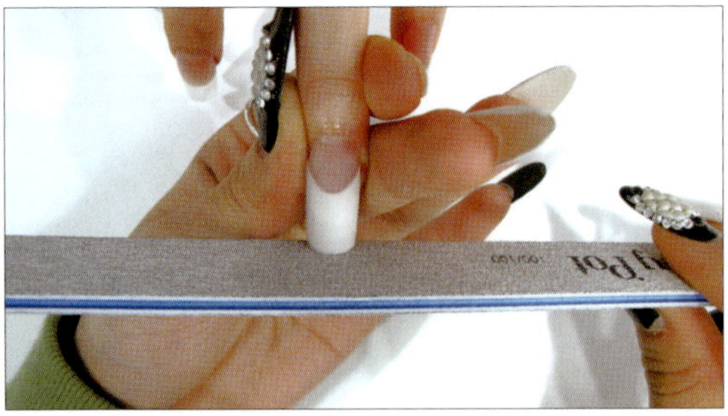

09 **파일링**

아크릴이 완전히 건조된 후 파일을 이용하여 길이를 조절하고 거친 파일에서 부드러운 파일 순으로 사용하여 손톱 전체를 파일링한다.

10 **샌딩**

손톱 표면을 전체적으로 매끄럽게 다듬어준다.

11 **오일 바르기**

오일을 큐티클에 발라 가볍게 마사지 해준 후 광택 파일을 이용하여 광택을 내 준다.

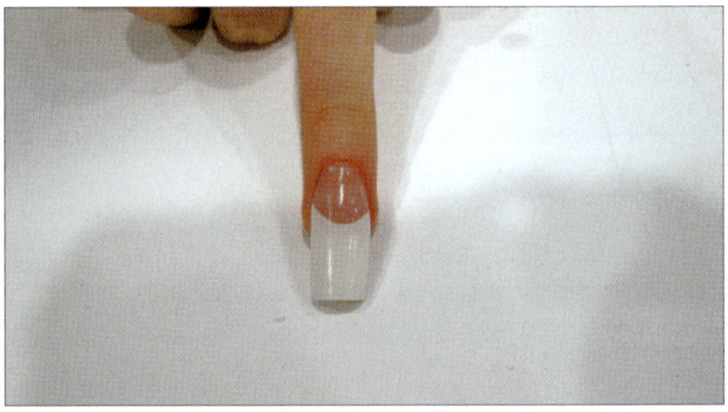

12 **완성**

Section. 3

원 톤 스캅춰

시술재료

아크릴 파우더, 종이 폼, 프라이머, 아크릴 브러시, 브러시 클리너, 모노머, 디펜디시, 파일, 샌딩 블록, 3-way 파일, 습식 매니큐어 재료

인조 팁을 붙이지 않고 네일 폼을 지지대로 사용하여 손톱의 길이를 연장하는 시술로 투명 또는 반투명의 단일(클리어, 핑크, 내추럴 중 선택 1) 색상 파우더와 리퀴드를 혼합하여 사용한다.

1. 시술과정

01 소독하기

솜에 안티셉틱을 묻혀 손을 소독한다.

02 큐티클 밀기

푸셔를 이용하여 큐티클을 부드럽게 밀어 올린다.

03 손톱 모양 잡기

자연손톱의 프리엣지 길이를 0.1cm 이하로 준비하며 네일의 형태는 라운드로 준비한다.

04 유분기 제거

샌딩 블록을 이용하여 손톱의 유분기를 제거하고 팁의 부착력을 증가시켜 준다. 샌딩 블록 이용 후 프라이머를 도포하여 아크릴이 자연 손톱에 잘 부착될 수 있도록 한다.

05 폼지 끼우기

손에 폼이 처지지 않도록 11자를 유지하여 폼지를 끼우며 폼지는 자연 네일에 최대한 밀착시킨다. 폼지의 중앙선이 손톱의 중앙과 일치하도록 연결해 준다. (폼지가 밑으로 처지게 되면 아크릴 연장 부분도 같이 처지게 만들어지므로 주의해서 폼지를 끼운다.) 폼지의 프리엣지 부분에 아크릴 브러시 뚜껑을 끼워 동그랗게 모양을 잡아주면 이쁜 C컬을 만들 수 있다.

06 아크릴 볼 올리기

프리엣지부터 3등분하여 클리어 파우더를 올린다. 큐티클 라인에 리퀴드가 묻지 않도록 주의하며 첫 번째 볼은 가장 큰 사이즈로 만들어 올려준다. (리퀴드의 양이 너무 많으면 흘러내릴 수 있으므로 페이퍼 타올에 브러시를 올려두어 리퀴드 양을 조절한다.)

두 번째 볼을 올릴 때에는 첫 번째 볼보다 조금 더 적은 양을 올리며 하이 포인트 지점을 만든다. 세 번째 볼은 큐티클 라인에 최대한 밀착하여 제일 적은 양을 사용해 큐티클 라인과 사이드 월 부분에 아크릴이 넘지 않도록 주의해서 올려준다.

07 핀칭 주기

아크릴이 완전히 굳기 전에 프리엣지 부분을 양쪽 엄지 손가락을 이용하여 C커브(120~150˚)를 만들어 준다. (마르지 않은 상태에서 핀칭를 주게되면 밀릴 수 있으므로 주의한다.)

08 폼지 떼고 파일링

프리엣지부터 큐티클 쪽으로 폼지를 떼어내야 하며 아크릴이 마른 상태에서 폼지를 떼어내야 모양의 변형이 없다. 파일링을 하여 쉐입을 잡으며 완성된 네일의 형태는 정 스퀘어 모양이 되어야 한다.

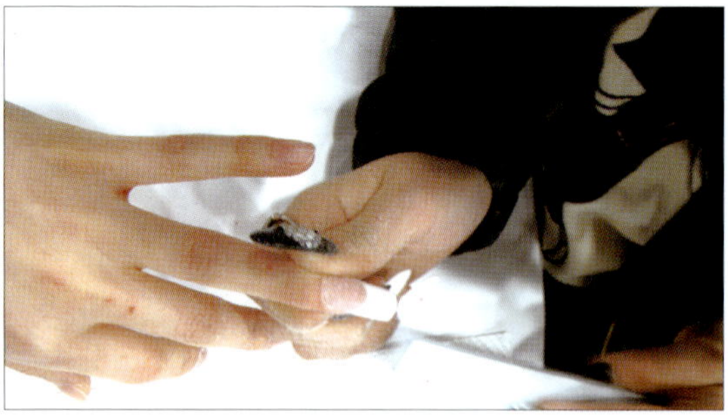

09 파일링

큐티클 라인과 사이드 월부분이 자연스럽게 연결될 수 있도록 아크릴 턱을 제거한다.

10 샌딩

샌딩 블록을 이용하여 네일 표면을 매끄럽게 다듬는다.

11 광택

광택파일을 이용해 손톱 표면의 광택을 낸다.

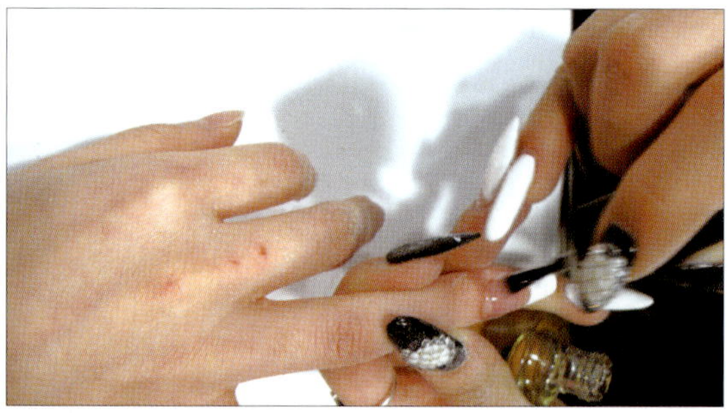

12 오일 바르기

큐티클 오일을 바른 후 손으로 가볍게 문질러준다.

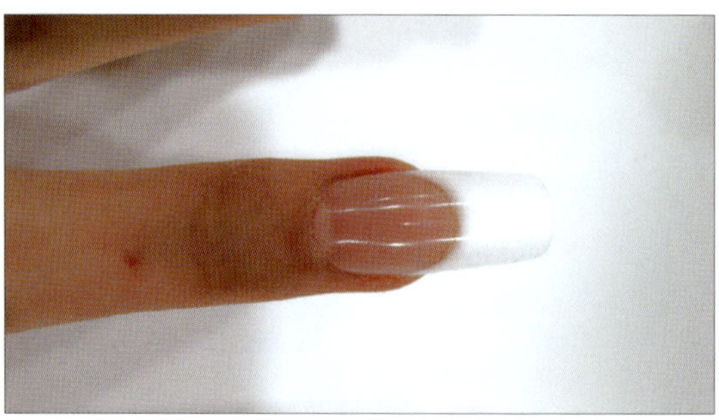

13 완성

MEMO

Section. 4

프렌치 스캅춰

시술재료

아크릴 파우더(클리어, 화이트, 핑크), 모노머, 프라이머, 아크릴 폼지, 브러시 클리너, 아크릴 브러시, 클리퍼, 안티셉틱, 디펜디시, 파일, 샌딩 블럭, 3-way 파일, 습식매니큐어 재료

프렌치 스캅춰의 프리엣지 부분은 화이트 파우더, 바디는 클리어, 핑크 파우더를 이용하여 길이를 연장하는 아크릴 시술로 스마일 라인의 모양이 중요하다.

1. 시술과정

01 소독하기

솜에 안티셉틱을 묻혀 손을 소독한다.

02 큐티클 밀기

푸셔를 이용하여 큐티클을 부드럽게 밀어 올린다. 45˚를 유지하여 네일 플레이트의 손상이 없도록 한다.

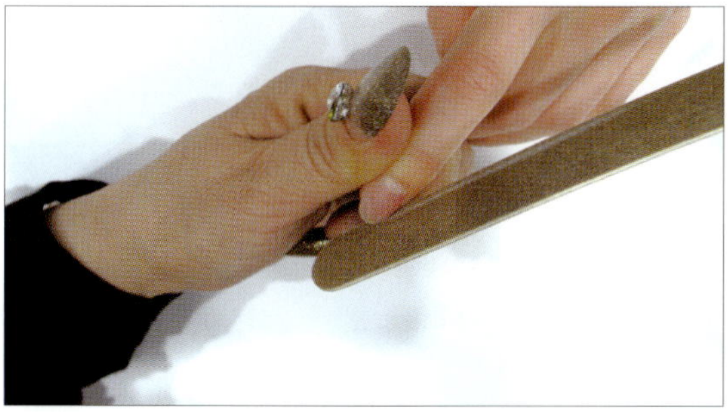

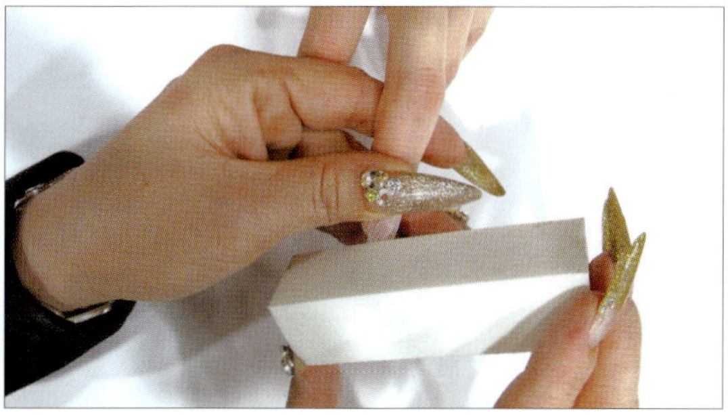

03 손톱 모양 잡기

자연손톱의 프리엣지 길이를 0.1cm 이하로 준비하며 네일의 형태는 라운드로 준비한다. 손톱 모양을 만들 때에는 반드시 우드파일만 사용한다.

04 샌딩

아크릴의 접착력을 좋게 하기 위해 샌딩 블록을 이용하여 유분기를 제거한다. 샌딩 후 손톱 밑에 있는 찌꺼기를 디스크 패드를 이용하여 제거하며 이물질은 솔을 이용하여 가볍게 털어낸다.

05 프라이머 바르기

유분기를 제거하고 pH 발란스를 맞추어 팁이 자연 손톱에 잘 접착될 수 있도록 발라 준다.

06 폼지 끼우기

중심을 맞추어 네일 폼지를 끼우는 것이 중요하며 자연 손톱과 폼지 사이에 공간이 생기지 않도록 폼을 끼워 고정시킨다.

07 아크릴 볼 올리기 ①

화이트 파우더를 이용하여 프리엣지 부분에 첫 볼을 올린다. 크게 올려야 얼룩이지지 않으며 스마일 라인은 좌우 대칭이 맞도록 올려주며 소량의 파우더를 사용하며 깔끔한 스마일 라인을 만들어준다. 스마일 라인 안쪽은 브러시에 리퀴드 액을 묻혀 수시로 닦아주면 선명한 라인을 만들 수 있다.

08 아크릴 볼 올리기 ②

플레이트에 핑크 파우더를 올려주며 화이트 파우더 시술 후 핑크 파우더를 올려주면 혈색이 좋아 보인다. 아크릴 시술 중간 중간 계속 핀칭을 주어 모양을 만들어 준다.

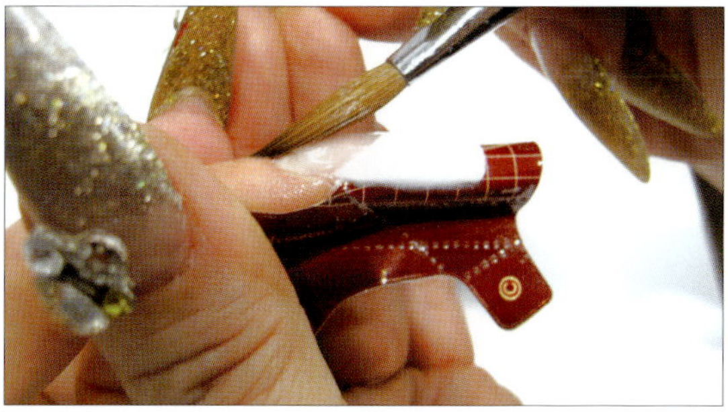

09 아크릴 볼 올리기 ③

전체적으로 아크릴 볼을 올려주며 하이포인트 위치를 확인하며 붓으로 쓸어내려준다.

10 핀칭

어느 정도 아크릴이 건조되면 폼을 떼어내고 완전히 굳기 전 핀칭을 넣어주며 스트레이트와 C 커브 형성이 잘 되었는지 확인한다.

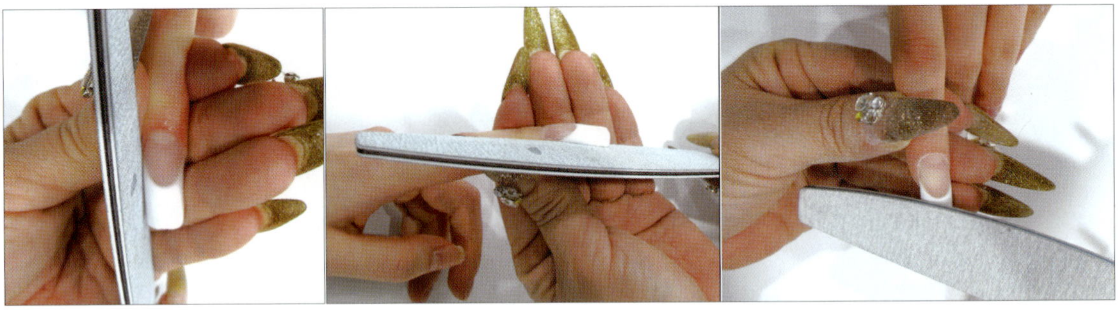

11 파일링

파일을 이용하여 쉐입을 잡고 모양은 정 스퀘어로 만든다. 양 사이드 스트레이트 부분이 평행하도록 파일링하며 아크릴 턱을 파일링하여 큐티클 라인과 사이드 월부분이 자연스럽게 연결될 수 있도록 한다.

12 샌딩

샌딩 블록을 이용하여 네일 표면 전체를 매끄럽게 다듬는다.

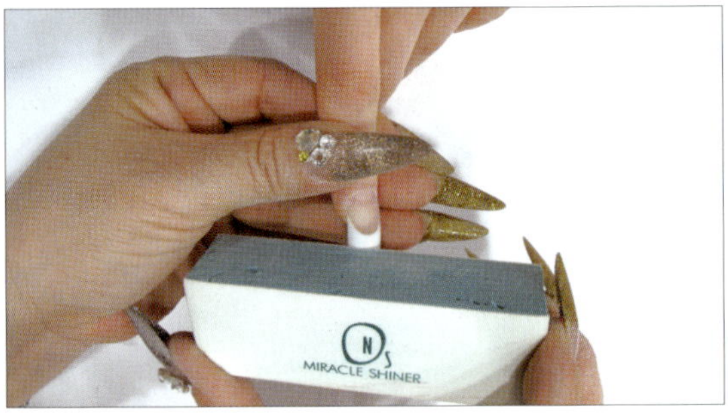

13 광택

광택 파일을 이용해 손톱 표면의 광택을 낸다.

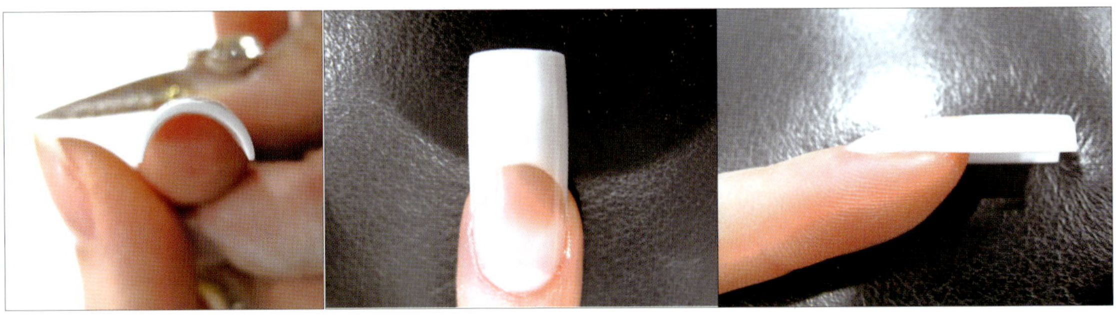

14 완성

Section.5

아크릴 보수 및 제거

1. 아크릴 보수 방법

인조네일 시술 후 자연 네일이 자라나므로 큐티클 주변에 들뜸 현상이 생길 수 있으므로 지속적인 관리가 필요하다. 보수 시 큐티클과 인조 네일의 시술 부위 사이(자연 손톱)에 소량의 프라이머를 반드시 발라주어야 한다.

① 손 소독하기

② 손상 정도 확인하기(손상이 심할 경우에는 아세톤 원액을 통해 제거)

③ 파일을 이용하여 들뜬 부분이나 새로 자라나온 자연 손톱과 아크릴의 턱을 파일링하기

④ 큐티클과 인조 네일의 시술 부위 사이(자연 손톱)에 소량의 프라이머를 바르기

⑤ 적당량의 아크릴 볼을 올려 자라나온 자연 네일과 인조 네일의 들뜬 부분이 자연스럽게 연결될 수 있도록 채우기

⑥ 아크릴이 완전히 마른 후 표면을 파일링하며 샌딩 블록을 이용하여 표면을 매끄럽게 다듬어주기

⑦ 큐티클 라인을 포함해 손톱 표면 전체에 큐티클 오일을 바르고 가볍게 문질러주기

2. 아크릴 제거 방법

① 손 소독하기

② 자연 네일의 길이를 확인 후 아크릴 네일을 클리퍼를 사용하여 자르기

③ 100% 아세톤을 묻힌 솜을 손톱 위에 올려주고 아세톤이 휘발되지 않도록 호일로 감싸주기

④ 10~15분 방치 후 화장 솜을 위에서 아래로 닦거나 오렌지 우드 스틱이나 푸셔를 사용하여 제거하기

⑤ 큐티클 오일이나 로션을 사용하여 부드럽게 문질러주기

MEMO

CHAPTER

07 젤 네일

젤 네일은 기존의 에나멜의 단점인 오랜 건조시간과 지속이 짧은 것을 보완하여 쉽고 편리하게 사용할 수 있다. 팔리시 젤은 자연적으로 건조를 하는 것이 아니라 UV 젤 라이트 안에서만 건조된다. 젤 네일은 광택이 오래 유지되며 상온에서는 모양을 자유자재로 만들 수 있다는 장점이 있다.

Section. 1

젤 컬러링

시술재료

베이스 젤, 탑 젤, 팔리시 젤, 젤 클리너, LED 램프, 파일, 샌딩 블록, 습식매니큐어 재료

1. 시술과정

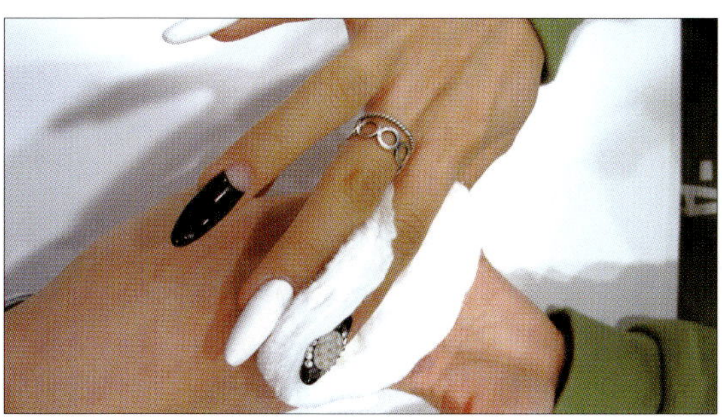

01 **소독하기**

솜에 안티셉틱을 묻혀 손을 소독한다.

02 **큐티클 밀어 올리기**

푸셔를 이용하셔 네일 플레이트에 손상이 되지 않도록 주의해서 큐티클을 밀어 올려준다.

03 손톱 모양 잡기

우드파일을 이용하여 손톱을 라운드 형태로 만들어준다.

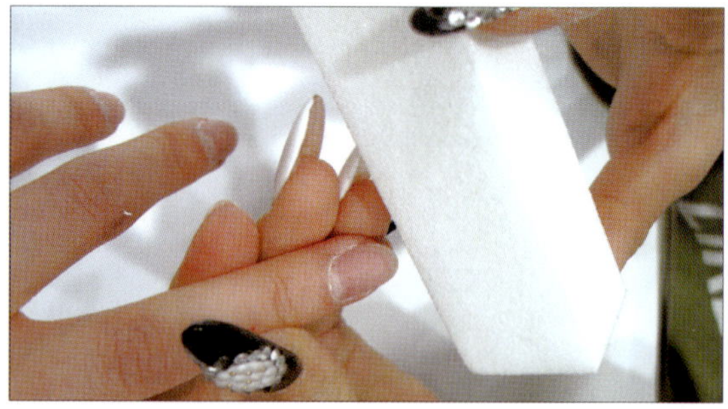

04 샌딩

폴리시 젤의 접착력을 좋게 하기 위해 샌딩 블록을 사용하여 표면을 매끄럽게 만든다.

05 프라이머 바르기

프라이머는 손톱 자체의 유분기를 제거해줌과 동시에 pH 밸런스를 맞추어 손톱의 방부제 역할을 한다. 손톱 전체 표면에 프라이머를 발라준다.

06 베이스 젤 바르기

베이스 젤을 큐티클 라인과 손톱 주변에 흐르지 않도록 얇게 바른다.

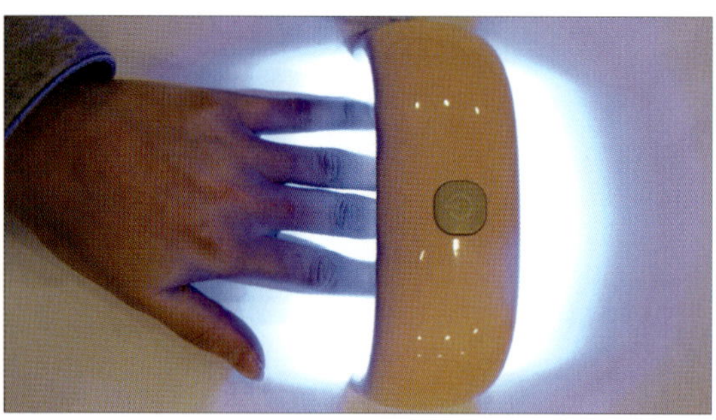

07 큐어링

젤 경화를 위해 30초~1분 정도 큐어링 한다.

08 젤 컬러링

젤 폴리시를 손톱 표면 전체에 바르며 일반 컬러링 바르는 방법과 동일하게 바른다.

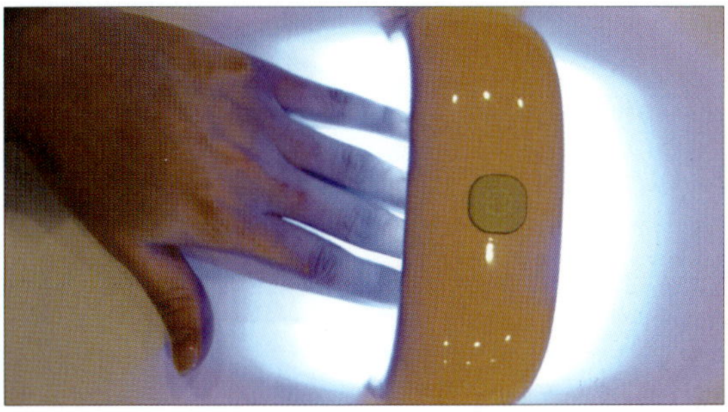

09 큐어링

30초~1분 정도 큐어링한 후 한번 더 젤 컬러링을 발라준 후 다시 큐어링한다.

10 탑 젤 바르기

젤의 지속력과 광택을 부여하기 위해 탑젤을 발라준다.

11 미경화 젤 닦기

젤 클리너를 묻힌 솜이나 페이퍼 타올을 사용하여 미경화 젤을 제거한다.

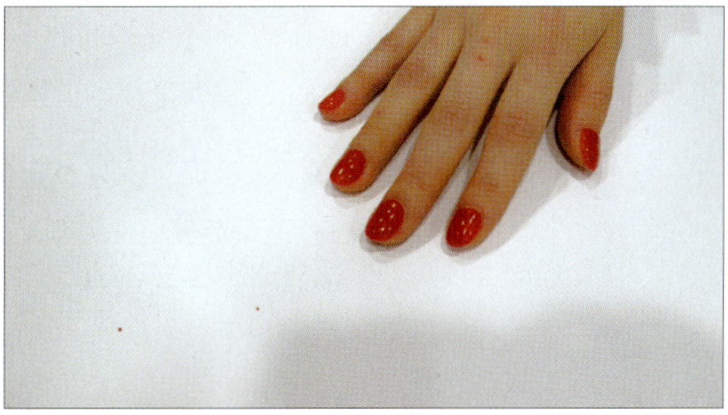

12 완성

Section. 2

팁 위드 젤 스캅춰

시술재료

팁, 글루, 팁 커터, 젤 본더, 젤 클리너, 탑 젤, 젤 브러시, LED 램프, 클리어 젤, 파일, 샌딩 블록, 습식 매니큐어 재료

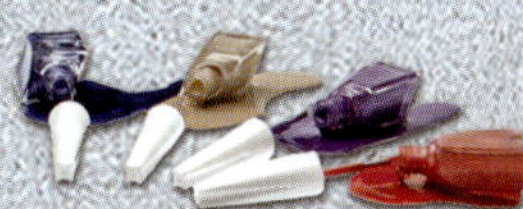

네일 팁 부착 후 젤을 올려 보강해 주는 시술이다.

1. 시술과정

01 소독하기

솜에 안티셉틱을 묻혀 손을 소독한다.

02 큐티클 밀어 올리기

푸셔를 45° 각도로 세워 손톱 표면이 손상되지 않도록 주의해서 밀어 올려준다.

03 손톱 모양 잡기

자연 손톱의 모양은 둥근형으로 만들어주며 파일을 이용해 길이는 0.5~1mm로 만들어준다.

04 샌딩

샌딩 블록을 이용하여 팁이 잘 접착될 수 있도록 네일 표면의 유분기를 제거해준다.

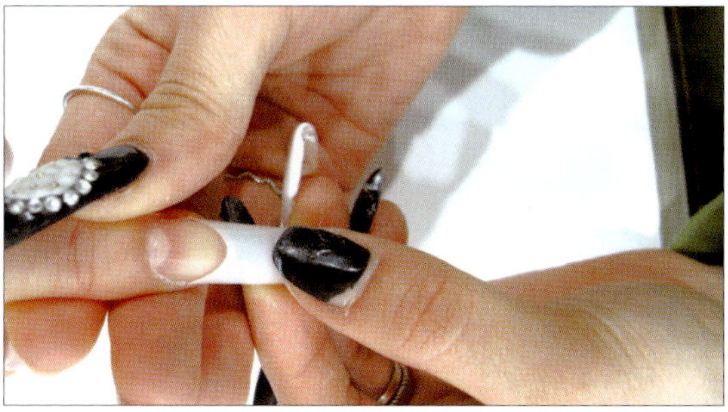

05 팁 부착하기

자연 손톱에 맞는 크기의 팁을 고르고 글루를 이용하여 팁의 웰 부분에 바르고 자연 손톱에 접착한다.

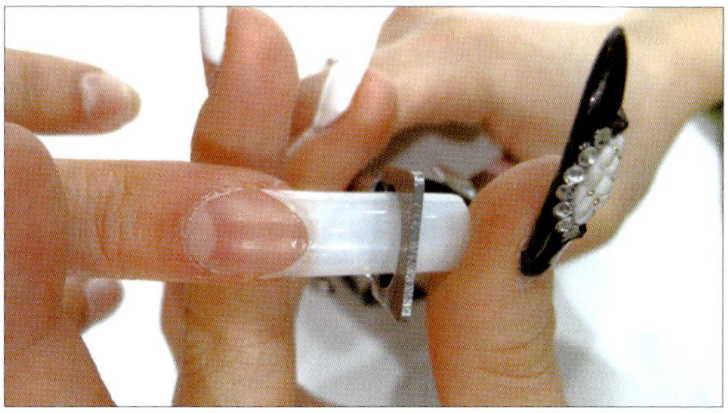

06 길이 조절

팁 커터기를 사용하여 팁의 길이를 조절해 준다.

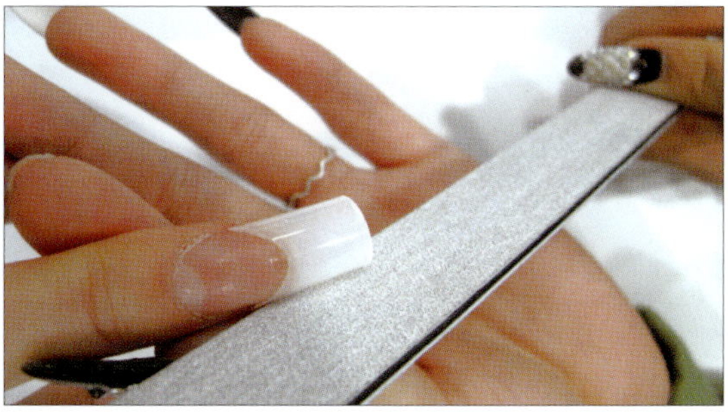

07 파일링

파일을 이용하여 팁 턱을 제거하고 팁의 양 옆이 11자가 될 수 있도록 평행하게 파일링 한다.

08 젤 본더 바르기

젤이 자연 손톱에 잘 부착될 수 있도록 본더를 발라준다.

09 클리어 젤 올리기

클리어 젤을 네일 표면 전체에 적당한 두께로 기포가 생기지 않도록 주의하며 올린다. (하이포인트 자연스럽게 만들기)

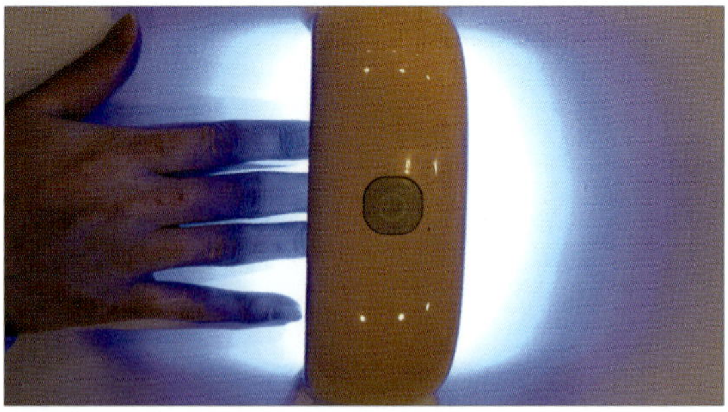

10 큐어링

30초~1분 정도 큐어링 하며 클리어 젤 올리고 큐어링을 2~3회 정도 반복한다.

11 미경화 젤 닦기

젤 클리너를 묻힌 솜을 이용해 표면의 끈적임을 닦아낸다.

12 파일링

표면이 매끄럽도록 파일링 하며 손톱 모양을 만들어준다.

13 **탑 젤 바르기**

탑 젤을 바르고 1~2분 정도 큐어링한다.

14 **미경화 젤 닦기**

젤 클리너를 솜에 묻혀 표면을 닦아낸다.

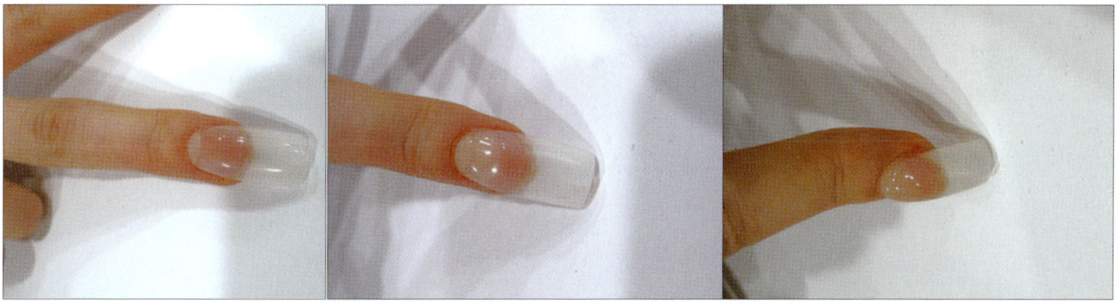

15 **완성**

Section. 3

젤 원톤 스캅쳐

시술재료

네일 폼지, 젤 본더, 탑 젤, 클리어 젤, 젤 클리너, 젤 브러시, LED 램프, 파일, 샌딩 블록, 습식 매니큐어 재료

네일 폼지를 이용하여 팁을 사용하지 않고 손톱의 길이를 연장하는 시술이다.

1. 시술과정

01 손 소독

안티셉틱을 솜에 묻혀 손을 소독한다.

02 큐티클 밀어 올리기

푸셔를 이용하여 큐티클을 밀어 올린다.

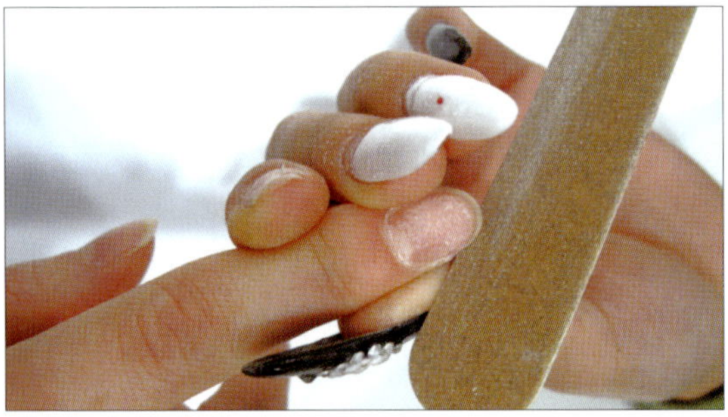

03 손톱 모양 잡기

우드 파일을 이용하여 모양은 라운드 형태로 길이는 0.5~1mm 정도로 만들어준다.

04 샌딩

샌딩 블록을 이용하여 유분기를 제거해준다.

05 젤 본더 바르기

젤이 자연 손톱에 잘 부착될 수 있도록 젤 본더를 발라준다.

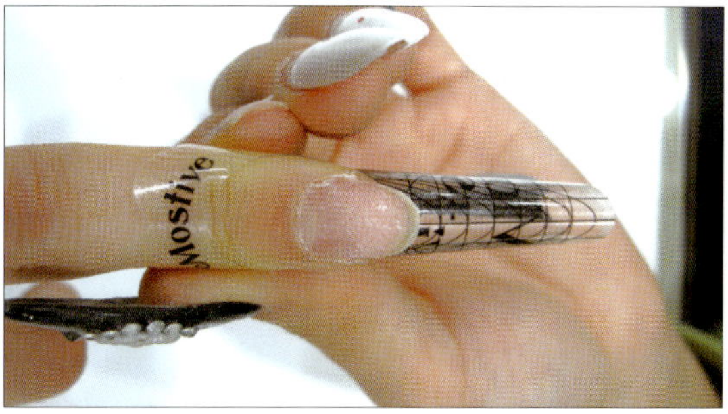

06 젤 폼지 끼우기

자연 손톱과 폼지 사이에 공간이 않도록 주의하며 처지지 않도록 젤 폼지를 끼운다.

07 클리어 젤 올리기

클리어 젤을 발라 손톱을 연장하고 자연스러운 하이포인트와 적당한 두께가 될 수 있도록 주의하며 올려준다.

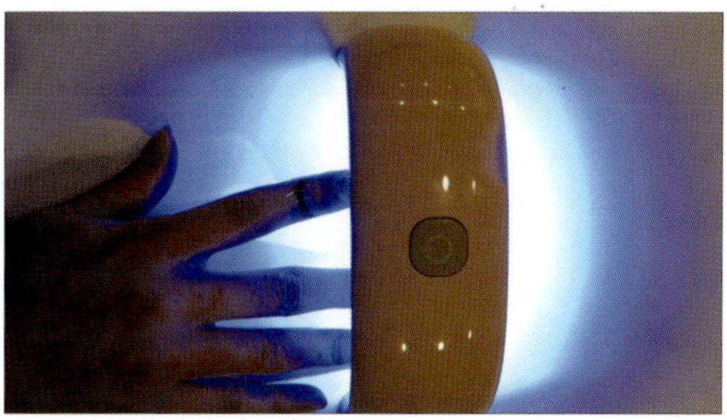

08 큐어링

30초 큐어링하며 큐어링 시간은 제품에 따라 UV 램프 혹은 LED램프에 따라 차이가 있다.

09 핀칭

C커브를 만들기 위해 큐어링 중간 중간 핀칭을 준다.

10 폼지 제거

프리엣지 부분부터 폼지를 제거한다.

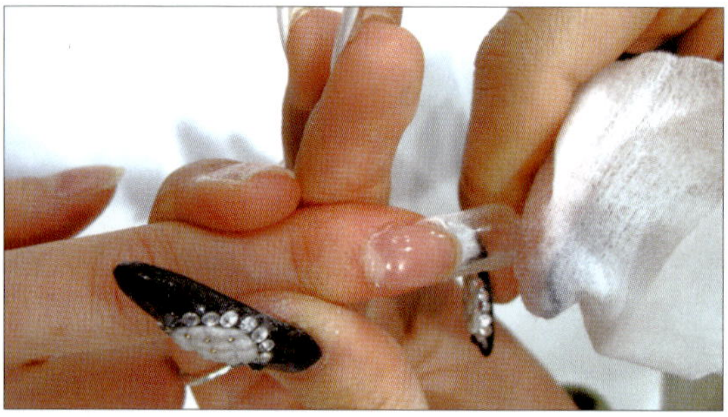

11 미경화 젤 닦기

젤 클리너를 솜에 묻혀 표면에 묻은 미경화 젤을 닦아준다.

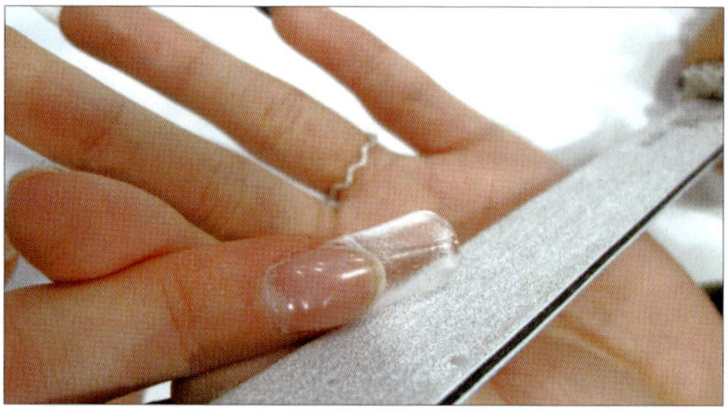

12 파일링

150~180 grit의 파일을 이용하여 정 스퀘어의 쉐입을 만들고 사이드 스트레이트 부분을 평행하도록 파일링하며 젤 턱을 파일링한다.

13 샌딩

샌딩 블록을 이용하여 손톱의 표면을 정리한다.

14 탑 젤 바르기

손톱 표면 전체에 탑 젤을 바른다. 큐티클 부분이나 손톱 주위에 젤이 흐르지 않도록 주의해서 바른다.

15 큐어링

1~2분 큐어링 한다.

16 미경화 젤 닦기

젤 클리너를 사용하여 손톱 표면의 끈적임을 없애준다. 미경화 젤을 닦은 후 큐티클 오일을 발라 흡수시켜 준다.

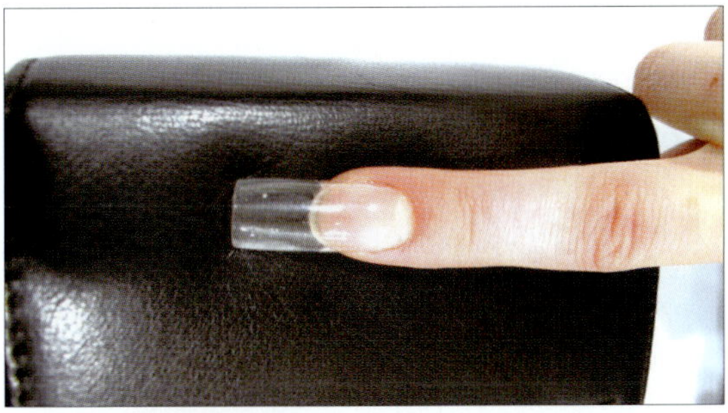

17 완성

Section. 4

젤 보수 및 제거

시술 후 2주 후 자연 손톱이 자라나거나 큐티클 주변이 리프팅이 되므로 정기적인 보수가 필요하다.

1. 젤 보수 방법

① 손 소독 후 새로 자라나온 자연 손톱과 젤의 턱 부분 혹은 리프팅 된 부분을 파일로 제거하고 전체적으로 가볍게 파일링하기

② 자연 손톱에만 소량의 젤 본더를 바르기

③ 적당한 양의 젤을 자라난 손톱과 기존 손톱이 자연스럽게 이어질 수 있도록 올리기

④ 1~2분 큐어링 한 후 젤 클리너를 이용하여 손톱 표면을 닦아주기

⑤ 표면이 고르지 못한 경우 샌딩 블록을 이용해 표면을 다듬어주기

⑥ 탑 젤을 바른 후 3초~1분 큐어링 하기

2. 젤 제거 방법

속 오프 젤은 100% 아세톤을 이용하여 제거해주며 하드 젤은 파일이나 머신을 사용하여 제거한다.

Section. 5

젤 마블링

1. 부채꼴 마블링

01 큐어링까지 끝낸 1Coat 위에 가로방향으로 프리엣지 부분부터 4줄을 띄엄띄엄 브러시를 이용하여 그린다.

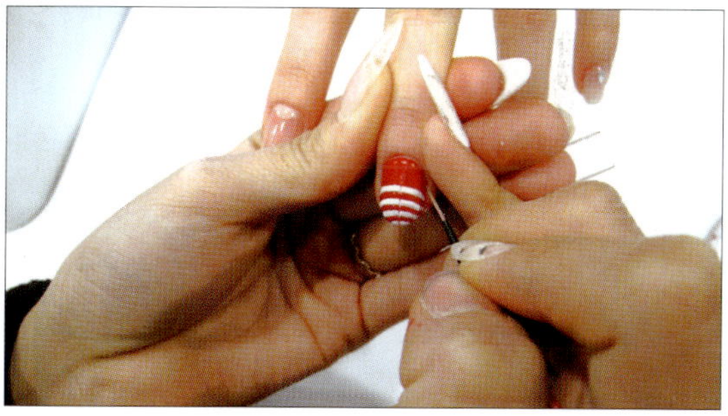

02 브러시 클리너로 브러시를 세척한 후 세로로 정 가운데 한줄을 긋고 가운데를 중심으로 왼쪽을 3등분하여 선을 긋고 오른쪽도 마찬가지로 3등분하여 선을 긋는다. 세로로 총 7줄이 그려져야 한다. 힘을 주어 긋게 되면 아트가 번질 수 있으므로 힘을 빼고 그어준다.

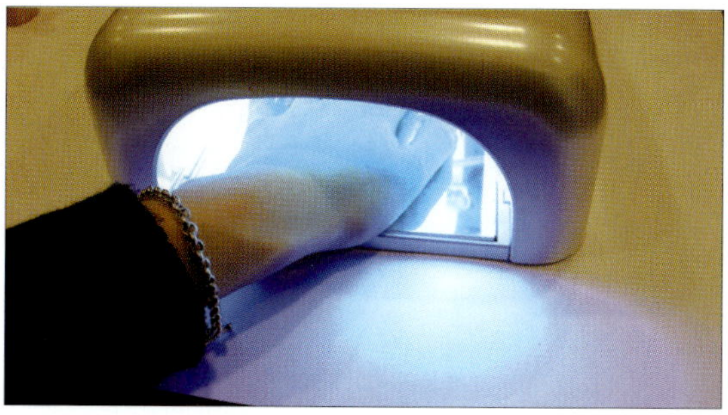

03 손톱 주변에 묻은 젤은 지워준 후 30초~1분 큐어링한다.

04 완성한 아트 위에 탑 젤을 도포한다.

05 1~2분간 큐어링한다.

06 젤 크리너를 묻힌 솜을 사용하여 미경화 젤을 닦아준다.

07 완성

2. 선 마블링

01 큐어링까지 끝낸 1Coat 위에 화이트 젤 팔리시를 브러시를 이용해 세로로 4줄을 그린다.

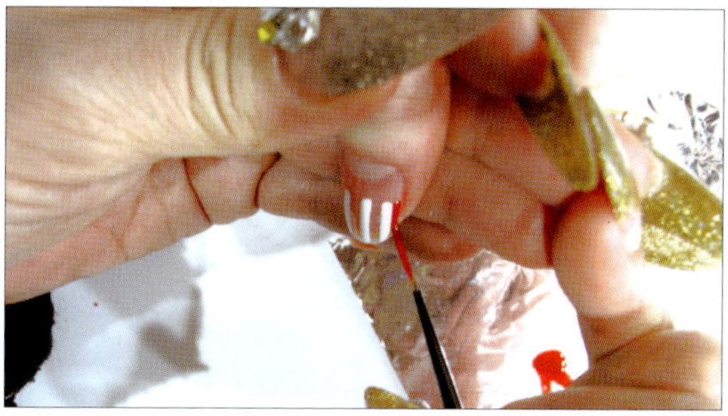

02 화이트 세로 줄 사이사이를 레드 젤 팔리시를 이용하여 사이사이를 같은 두께로 채워준다. 즉, 화이트 · 레드 선을 교대로 배열한다. (레드 4줄, 화이트 4줄)

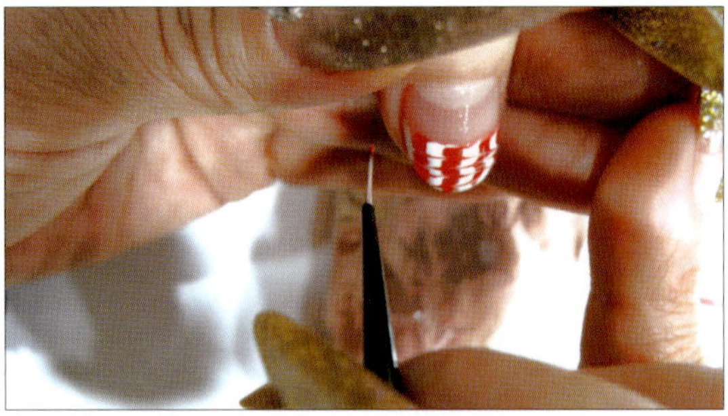

03 가로 교차선을 5줄 그린다. 선은 좌 · 우측 방향으로 번갈아 가며 그리며 번지지 않도록 주의한다.

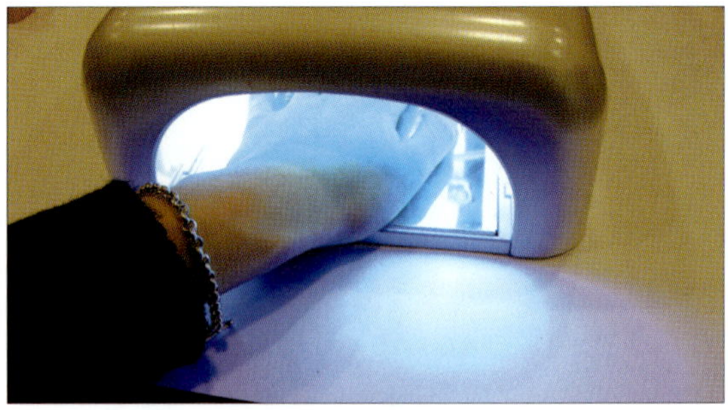

04 30초~1분 큐어링한다.

05 탑 젤을 도포한다.

06 1~2분 큐어링한 후 미경화 젤을 닦아준다.

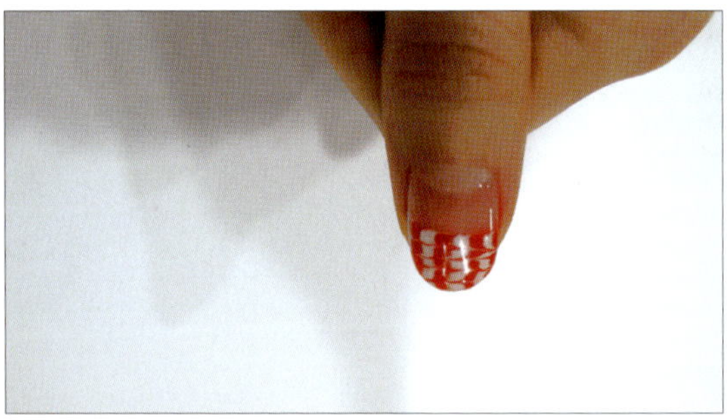

07 **완성**

MEMO

CHAPTER 08 인조 손 만들기

Section. 1

인조 손 만들기

시술재료

인조 손, 아크릴 브러쉬, 모노머, 아크릴 핑크파우더, 키친 타올, 디펜디쉬, 팁 커터, 파일 등

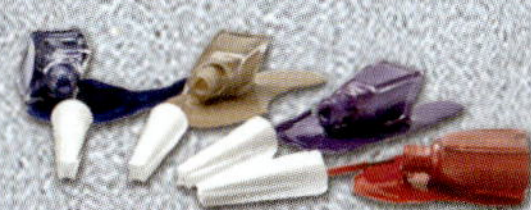

1. 시술과정

01 아크릴 핑크파우더를 이용하여 아크릴 볼을 떠 인조 손에 올린다. 크기는 아크릴 첫 볼을 만들 때 보다 조금 더 크게 올린다.

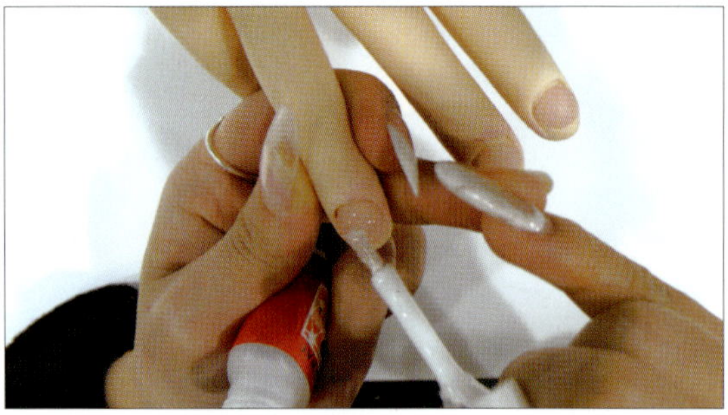

02 아크릴 볼 위에 젤 글루를 바른다.

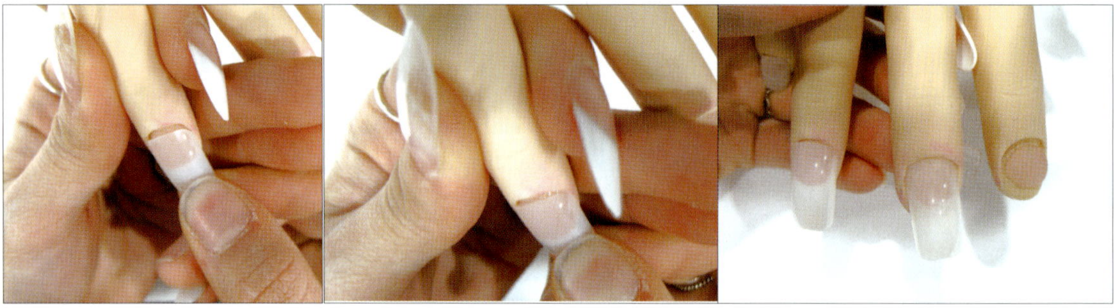

03 인조 손에 맞는 인조 풀팁을 부착한다.

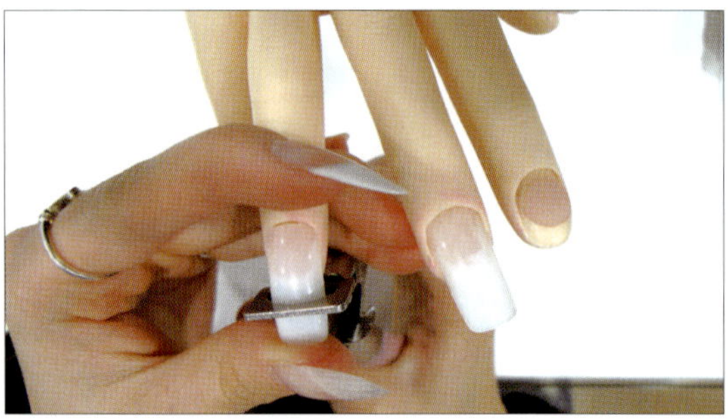

04 **완성**

팁 커터를 이용하여 길이를 조절하고 모양에 맞게 파일링하여 사용한다.

MEMO

CHAPTER 09 워터마블

Section. 1

워터마블

시술재료

종이컵, 이쑤시개 또는 우드스틱, 네일 팔리시, 인조 손톱(풀팁), 나무젓가락, 양면 테이프, 스톤 등

1. 시술과정

01 인조 풀 팁 뒷면 정 가운데 부분에 양면 테이프 혹은 젤 글루를 발라 나무 젓가락을 세워 고정시킨다. 고정이 잘 안될 경우 글루 드라이어를 분사하여 고정시킨다.

02 종이컵에 물을 담아 준비한다. (물의 온도는 뜨겁거나 너무 차가운 온도가 아닌 물로 준비한다.)

03 인조 풀 팁에 베이스 코트를 바른다.

04 물이 담겨 있는 종이컵에 색이 다른 폴리쉬를 번갈아 떨어 뜨린다.

05 우드스틱을 사용하여 건조된 바깥부분을 종이컵 가장자리에 부착한 뒤 자신이 원하는 모양대로 우드스틱을 사용해 모양을 만든다.

06 자신이 원하는 모양 부분에 인조 네일 팁을 직각으로 종이컵 안으로 넣는다.

07 인조 네일 팁을 빼낼 때 우드스틱을 이용하여 주변에 있는 건조된 폴리시를 재빠르게 제거한 후 입으로 바람을 불어넣어 빠르게 건조될 수 있도록 한다.
마지막은 마블링된 인조 네일 팁에 탑 코트를 바른 후 자신의 취향에 맞게 스톤을 사용하여 이쁘게 꾸민다.

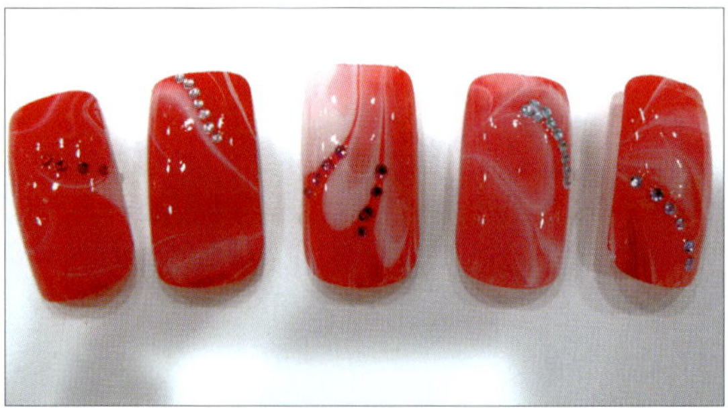

08 **완성**

MEMO

MEMO

NCS기반 네일아트

2015년 9월 1일 초판 인쇄
2015년 9월 10일 초판 발행
2017년 9월 1일 개정 1판 발행

저　　자 홍채은 · 유세은 · 김주섭
발 행 인 조규백
발 행 처 도서출판 구민사
(07299) 서울특별시 영등포구 당산로2길 12, 1004호
전　　화 02.701.7421~2
팩　　스 02.3273.9642
홈페이지 www.kuhminsa.co.kr
등　　록 제14-29호(1980년 2월 4일)
I S B N 979-11-5813-074-9 93590
값　　23,000원